微波环形电桥设计新理论及应用

张旭春 杨 潇 著

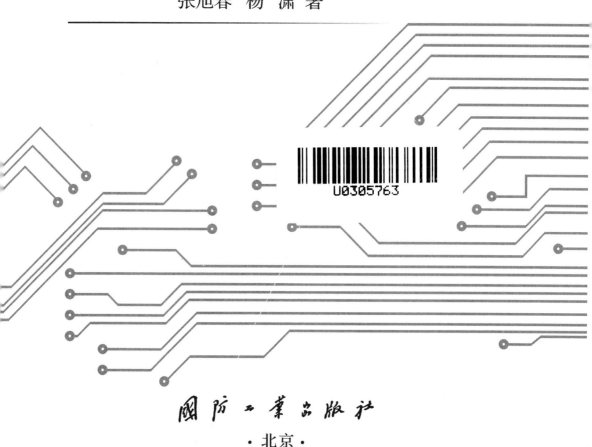

U0305763

国防工业出版社
·北京·

内 容 简 介

本书基于简单和对称的思想理念，对微波元件中的环形电桥这一基本元器件进行了深入的研究。主要内容包括通用的中心频率准最优法、倒相器采样法、挖掘频域固有的谐波资源潜能的谐波法及其相应技术、电气对称(准对称)特性研究及推广、新型多频器件及可重构器件的设计等。本书提供了大量的设计案例、仿真模型及结果和分析，可为相关的设计提供有益的指导。

本书可作为相关专业高等院校的本科生和研究生以及工程技术人员的参考用书。

图书在版编目（CIP）数据

微波环形电桥设计新理论及应用 / 张旭春，杨潇著.
—北京：国防工业出版社，2021.12
ISBN 978-7-118-12439-2

Ⅰ.①微…　Ⅱ.①张…　②杨…　Ⅲ.①微波电路—电桥—研究　Ⅳ.①TN710

中国版本图书馆 CIP 数据核字（2021）第 211477 号

※

*国防工业出版社*出版发行

（北京市海淀区紫竹院南路 23 号　邮政编码　100048）
三河市众誉天成印务有限公司印刷
新华书店经售

*

开本 710×1000　1/16　印张 12½　字数 220 千字
2021 年 12 月第 1 版第 1 次印刷　印数 1—1500 册　定价 89.00 元

（本书如有印装错误，我社负责调换）

国防书店：（010）88540777　　书店传真：（010）88540776
发行业务：（010）88540717　　发行传真：（010）88540762

序

众所周知，作为信息载体的微波技术是电子信息领域不可或缺的关键技术。得益于无线通信（特别是卫星通信和移动通信）、雷达、卫星全球定位、航空航天、防空反导乃至消费电子等领域的蓬勃发展，近几十年来微波技术迅速发展并取得了十分丰硕的成果。同时，微波技术的发展又进一步推动了电子信息诸多领域的更新换代。

新一代移动通信、高精度识别雷达等应用对微波电路和系统提出了越来越高的要求，其中包括频率高频化、体积小型化、模块/系统集成化、调控智能化等。因此，近年来微波技术方向理论及应用的研究均是围绕上述要求展开的。这些新需求为微波器件、微波电路和系统的研究开发注入了新的活力，也产生了大量以论文或专著形式呈现的研究成果。

本书是新一代信息技术迅猛发展时代应运而生的一本专著，它不是微波技术领域众多研究成果的"群英图谱"，而是描摹微波系统中极为重要的环形电桥的"工笔画"。微波系统的性能取决于系统中各电路单元的性能，环形电桥是微波电路系统中最基本最重要的电路单元之一。本书作者在这一研究方向上深耕多年，对环形电桥的理论分析和工程设计进行了深入的研究、探索和实践，积累了丰富的经验。本书是作者研究心得和创新的总结，其内容涉及环形电桥设计的新理论、新思路和新方法。

对称性是一种规则的美，在我们生活的物理世界里无处不在。追求简单，不仅是现代人生活理念的回归，更是在科学技术领域里倡导的一种指导原则。

在这本极为专业的书籍中的分析方法和设计思路，无一不在揭示这两个原则。作者除了期待跟读者分享其理论和应用的研究成果之外，更是在着力传递科学研究中极为重要的理念，那就是统一性和化繁为简的方法与技术。

第一，体现简单之美。一是结构简单。通过充分挖掘和利用单个结构的谐波特性，无须外加电路，复用基波的电路结构，即可实现双频甚至更多频的环形电路。二是分析方法简单。作者抽取环形器设计中最核心的倒相器，通过对其理想特性的分析，获得通用的统一设计规则。针对不同的应用系统需求，采用不同的传输线进行理想倒相器的实际置换，从而设计出窄带、宽带、双频等不同频率特性的环形器。第2章～第4章，以及第6章是作者对极简原则的深刻理解和准确实践。

第二，体现对称之美。在日常生活中，无论是恢弘的建筑，还是精巧的器物，我们都能感受到对称带来的美感。在工程实践中，对称性不仅可以带来设计的便利，而且在具体应用中也有不可替代的优势。作者在对环形器的理论分析和工程设计中，也是充分利用了对称的思想。几何结构的对称可以称为标准的对称。但是，在微波电路中，还有另外一种准对称，也就是结构不是完全的对称，但其电性能具有对称性。这种准对称性给分析、设计和调试都带来了相当大的便利，充分利用这种电气准对称性可使优化指标参数降至最少，从而大大降低了多端口器件设计及调试工作量。同时，准对称性给器件构造带来了极大的自由度，可以设计多种满足不同应用需求的新型器件。在第5章中，作者详细分析和介绍了准对称多端口器件的构造和应用，这些正是这一理念的深刻体现。

第三，微波电路设计的可扩展性是本书着力传递的另外一个新思想。在第7章中，作者独具匠心，利用环形电桥电路自身的谐波特性，同时考虑引入的阻抗匹配的多频特性，巧妙地扩展出三频段甚至五频段环形器。另外，可重构是近年来微波电路实现多频段多功能的一种重要技术手段，也是业界的研究热点。在第8章中，作者没有采用传统的通过变容二极管的方式，而是基于前面提到的倒相器采样法，通过对倒相器的频率可切换及谐波可重构等方式，保证了可重构过程中频率和相位的稳定性。在此基础上，进一步介绍了可重构定向耦合器和环形器的设计思想。

授人以鱼，不如授人以渔。本书作者以严谨的科学态度，集多年研究经验为大成，为读者奉上一本可以指导微波环形电路设计的新理论和应用技术，同时也为其他微波无源电路（如其他耦合器、功分器等）的研究提供了宝贵的新技术。更为重要的是，贯穿全书的是作者对于工程研究的方法论和哲学思维方式。在浩如烟海的知识大潮里，如何撷取精彩的浪花，我们需要依仗的，或许正是这些宝贵的科学思维方法论。

2020年3月于花城广州

前言

　　国内外的学者对对称性有精彩论述，"对称性即平衡，要平衡必须对称。"魔 T 用途非常广泛，是微波电路和系统中的基本元件之一。它具有神奇的"双匹配""双隔离"的特性，因而冠之"魔"的称号。在微波元件中，没有哪一种元件能像魔 T 一样充分体现出结构的对称与不对称、电性能的平衡与不平衡之间微妙的关系。环形电桥作为平面魔 T 的典型代表，其结构极为简单，具有非常好的对称性。微波传输线技术与理论的不断发展带动着微波元件的不断更新，环形电桥的新结构与新的设计方法也受到了国内外学者的持续关注和研究。

　　本书的初衷基于两点：简单、对称。致力于挖掘简单结构隐藏的特性使可实现的电气功能最佳化；致力于挖掘电气对称性使结构简单化。

　　本书第 1 章分析了魔 T 特性的不理想性的根源，总结了环形电桥的研究现状，给出了基于理想倒相器的环形电桥的分析思路。第 2 章介绍了基于理想倒相器的环形电桥奇偶模分析，介绍了更为通用的中心频点准最优设计理论，并介绍了用该方法设计双频/宽带、小型化及大功分比环形电桥的具体案例。第 3 章介绍了倒相器采样法的概念及分类。本章内容搭建了理论分析模型和工程实现的桥梁。第 4 章介绍了微波窄带、双频及宽带无源器件典型频率响应，从更宽广的频域上探讨微波无源器件谐波响应及应用。第 5 章总结了基于理想倒相器环形电桥的良好准对称性，介绍了将此准对称性推广到一分三、一分 N 功分器中的情形。第 6 章介绍了各种具体的倒相器技术，包括半波长传输线倒相器、微带–槽线宽带倒相器、宽带单面微带倒相器、超宽带双面平行带线倒相器结构及设计、微带–槽线双频倒相器及微带多频倒相器等。第 7 章介绍了分别采用极简三频端口等效导纳法、宽带基础上的倒相器采样法、宽带基础上的端口加载法的新型多频器件的实现。第 8 章介绍了频率可切换倒相器、频率连续可调倒相器、谐波可控倒相器及小型频率连续可调倒相器的设计，并介绍了可重构倒相器设计在器件可重构特性实现中的应用。

　　本书由张旭春策划与统稿，并撰写了除 6.6 节及第 7 章以外的内容，杨潇撰写了 6.6 节及第 7 章的内容。王积勤教授对本书提出了宝贵的意见和建议，薛泉教授百忙中审阅全书并作序，作者在这里表示衷心的感谢。感谢学术之路不同阶段培养我的各位老师。感谢所有文献的作者。

本书是作者在微波电路和器件这一经典研究领域探索的一些成果及看法，限于作者水平，书中不足之处在所难免，恳请读者批评指正。

张旭春

2020 年 6 月·西安

目 录

第1章 环形电桥基础

1.1 魔 T 设计的基本准则

环形电桥（rat-race ring）作为平面魔 T 的典型代表，其结构极为简单，如图 1-1（a）所示，仅由一个 $1.5\lambda_g$ 的环和四个输出端口组成，左、右两侧对称。对于更一般的魔 T 情形，其分析模型如图 1-1（b）所示。

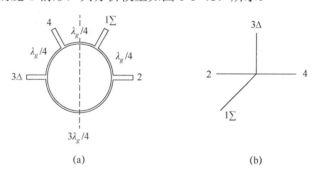

图 1-1　经典环形电桥电路结构及分析模型

（a）电路结构；（b）分析模型。

在图 1-1（b）中，考虑到互易性，其散射参数可写为

$$S = \begin{bmatrix} S_{11} & S_{12} & S_{13} & S_{14} \\ S_{21} & S_{22} & S_{23} & S_{24} \\ S_{31} & S_{32} & S_{33} & S_{34} \\ S_{41} & S_{42} & S_{43} & S_{44} \end{bmatrix} = \begin{bmatrix} S_{11} & S_{12} & S_{13} & S_{14} \\ S_{12} & S_{22} & S_{23} & S_{24} \\ S_{13} & S_{23} & S_{33} & S_{34} \\ S_{14} & S_{24} & S_{34} & S_{44} \end{bmatrix} \tag{1-1}$$

对于理想的情况，在中心频率点（简称中心频点）有双匹配、双隔离特性，即

$$S_{11} = S_{33} = S_{22} = S_{44} = 0 \tag{1-2}$$

$$S_{13} = S_{24} = 0 \tag{1-3}$$

而在实际情况中，端口并不会理想匹配，有

$$S_{11} \neq 0, S_{22} \neq 0, S_{33} \neq 0, S_{44} \neq 0 \tag{1-4}$$

对于无耗互易网络，有

$$SS^* = 1 \tag{1-5}$$

或写为

$$
\begin{bmatrix}
S_{11} & S_{12} & S_{13} & S_{14} \\
S_{12} & S_{22} & S_{23} & S_{24} \\
S_{13} & S_{23} & S_{33} & S_{34} \\
S_{14} & S_{24} & S_{34} & S_{44}
\end{bmatrix}
\begin{bmatrix}
S_{11}^* & S_{12}^* & S_{13}^* & S_{14}^* \\
S_{12}^* & S_{22}^* & S_{23}^* & S_{24}^* \\
S_{13}^* & S_{23}^* & S_{33}^* & S_{34}^* \\
S_{14}^* & S_{24}^* & S_{34}^* & S_{44}^*
\end{bmatrix}
=
\begin{bmatrix}
1 & 0 & 0 & 0 \\
0 & 1 & 0 & 0 \\
0 & 0 & 1 & 0 \\
0 & 0 & 0 & 1
\end{bmatrix}
\tag{1-6}
$$

式（1-6）左侧第一个矩阵的第一行乘以第二个矩阵的第二列，得

$$S_{11}S_{12}^* + S_{12}S_{22}^* + S_{13}S_{23}^* + S_{14}S_{24}^* = 0 \tag{1-7}$$

式（1-6）左侧第一个矩阵的第一行乘以第二个矩阵的第四列，得

$$S_{11}S_{14}^* + S_{12}S_{24}^* + S_{13}S_{34}^* + S_{14}S_{44}^* = 0 \tag{1-8}$$

式（1-7）减去式（1-8），得和差隔离为

$$S_{13} = \frac{1}{S_{34}^* - S_{23}^*}\Big[S_{11}(S_{12}^* - S_{14}^*) + S_{24}^*(S_{14} - S_{12}) + S_{12}S_{22}^* - S_{14}S_{44}^* \Big] \tag{1-9}$$

从式（1-9）可以看出，如果

$$S_{12} = S_{14}, \quad S_{12}^* = S_{14}^* \tag{1-10}$$

和

$$S_{22}^* = S_{44}^* \tag{1-11}$$

则 $S_{13} = 0$，即得到理想的和差隔离。

式（1-10）意味着端口 1 至端口 2 和端口 4 等幅同相传输，式（1-11）意味着两平分端口反射系数相同。式（1-9）~式（1-11）表明，两平分端口（端口 2 和端口 4）满足对称（对称时，有 $S_{21} = S_{41}$ 及 $S_{22} = S_{44}$）但是无须满足理想匹配（$S_{22} = S_{44} \neq 0$），就可得到理想的和差隔离（$S_{13} = 0$）。

同理，可以得出两平分端口的理想隔离条件。

式（1-6）左侧第一个矩阵的第二行乘以第二个矩阵的第一列，得

$$S_{12}S_{11}^* + S_{22}S_{12}^* + S_{23}S_{13}^* + S_{24}S_{14}^* = 0 \tag{1-12}$$

式（1-6）左侧第一个矩阵的第二行乘以第二个矩阵的第三列，得

$$S_{12}S_{13}^* + S_{22}S_{23}^* + S_{23}S_{33}^* + S_{24}S_{34}^* = 0 \tag{1-13}$$

式（1-12）与式（1-13）相加，得两平分端口隔离为

$$S_{24} = \frac{-1}{S_{14}^* + S_{34}^*}\Big[S_{13}^*(S_{12} + S_{23}) + S_{22}(S_{12}^* + S_{23}^*) + S_{12}S_{11}^* + S_{23}S_{33}^* \Big] \tag{1-14}$$

考虑到互易性，有

$$S_{24} = \frac{-1}{S_{14}^* + S_{34}^*} \left[S_{13}^*(S_{12} + S_{32}) + S_{22}(S_{12}^* + S_{32}^*) + S_{12}S_{11}^* + S_{32}S_{33}^* \right] \quad (1\text{-}15)$$

从式（1-15）可以看出，如果

$$S_{12} = -S_{32} \quad (1\text{-}16)$$

和

$$S_{11} = S_{33} \quad (1\text{-}17)$$

则 $S_{24} = 0$，即得到两平分端口间理想的隔离。

式（1-16）意味着端口 2 至端口 1 和端口 3 等幅反相传输，式（1-17）意味着和差两端口反射系数相同。式（1-15）～式（1-17）表明，端口 2 至端口 1 和端口 3 满足理想等幅反相传输时，若和差端口（端口 1 和端口 3）对称但不一定理想匹配（ $S_{11} = S_{33} \neq 0$ ）时，两平分端口就可得到理想隔离（ $S_{24} = 0$ ）。

在实际工程设计中，和差隔离度与两平分端口隔离度通常有一定的差别，以上结论可以解释如下：

（1）隔离度由结构对称性加之理想的反相决定；

（2）隔离度与端口反射特性的一致性（对称性）密切相关，而与匹配的程度无关；

（3）四个端口满足结构对称性的条件下，如果理想倒相也得到满足，则必然有理想隔离；

（4）在理想隔离情况下，仅需考虑端口的匹配问题，传输问题由对称性自动满足。

而传统意义上魔 T 具有的"双匹配""双隔离"特性则为以上准则的特例。

从以上分析也可以看出，魔 T 充分体现了结构的对称与不对称、电性能的平衡与不平衡之间的微妙关系。

1.2　基本应用

魔 T 用途非常广泛，如可用于阻抗测量、阻抗匹配、微波移相器、微波平衡相位检波系统、微波可调衰减器、微波混频器、网络分析仪、微波功分器、六端口结、微波功率放大器、天线收/发开关、天线阵馈电、圆极化器，等。

在单脉冲雷达测角体制理论上，可以从一个回波脉冲获取目标的空间角度信息，而且测角速度快、数据率高、测角精度高。从 20 世纪 40 年代后期单脉冲雷达技术发展以来，单脉冲雷达就在航空和导弹防御系统发挥着重要的作用。当今研制和装备的主被动导引头，几乎全部采用单脉冲测角体制。单脉冲雷达四种测角体制中应用最广泛的是振幅和差单脉冲，小型宽带振幅和差单脉冲系统是其发展的重要方向。单脉冲系统中需要对四路（单轴系统两路）信号进行和差处理，完成该重要功能的关键元件就是魔 T，图 1-2 所示为八端口和差器组成框图。

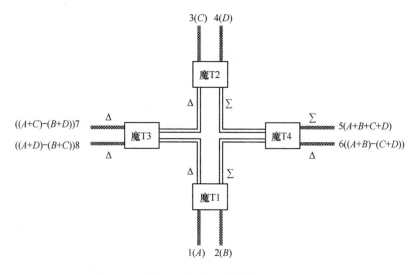

图 1-2　八端口和差器组成

八端口和差器包括四个输入端口（端口 1～端口 4）和四个输出端口（端口 5～端口 8）。和端口 5 用来测量目标速度距离信息，差端口 6、端口 7 测高低角及方位角信息，而对角差端口 8 一般不用，接匹配负载。八端口和差器除了必要的相位平衡及幅度平衡特性外，还要求端口间的隔离。因此，其组成单元魔 T 应该有很好的平衡及隔离特性。传统环形电桥常用作单轴系统的和差器，四个环形电桥可构成八端口的双轴和差器。而宽带单脉冲系统中，宽带和差器就成了必须要解决的关键问题。

天线的双极化工作有很多好处，如对通信系统而言可以增加系统通信容量，对雷达系统而言可以得到目标及环境特征的全极化信息，对引信系统而言可以抗干扰等。在双圆极化系统中，双圆极化器成为了关键元件。图 1-3 所示为典型的双圆极化器结构图[1]，它由一个 90°分支电桥及两个环形电桥构成。在图 1-3 中，端口 2 与端口 5 接匹配负载，为多余端口。端口 3、端口 4、端口 6、端口 7 接天线单元。端口 1 及端口 8 可同时分别发射（接收）左旋圆极化波和右旋圆极化波。

20 世纪 70 年代，Engen 以及 Hoer 在六端口技术方面取得了开创性和突破性的成果[2-5]，给出了六端口反射计的几何解释，以及最佳的六端口结构设计准则，系统地阐述了六端口的理论背景，奠定了六端口技术的理论基础。六端口反射计具有结构简单、价格低廉等优点。因此，在 20 世纪 80 年代成为了热点研究领域，在结构设计、测试及校准等方面取得了大量的研究成果。近年来，随着计算机及信号处理技术的快速发展，六端口技术应用领域迅速拓展。例如，基于六端口技术的晶体管测量技术[6]、六端口接收机[7]、六端口微波相关器[8]、基于六端口技术的极化测量[9-10]、基于六端口技术的材料特性测量[11]、基于六端口技术的精确定位雷达[12]、测速雷达[13]及汽车防撞雷达[14-15]等。

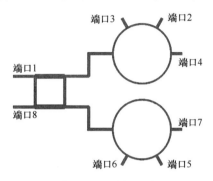

图 1-3 双圆极化器

目前，魔 T 就是典型六端口的核心组成元件。典型六端口的电路如图 1-4 所示，它可由一分二功率分配器（简称功分器）、3dB 分支电桥、环形电桥等无源元件组合而成，不论哪种结构，从端端口 5、端口 6 到输出端口 1～端口 4 的传输相移关系分为四种：同相、反相、超前 90°、滞后 90°。只要满足功率四等分、相对相位满足以上四种情况，都可以作为六端口结使用。

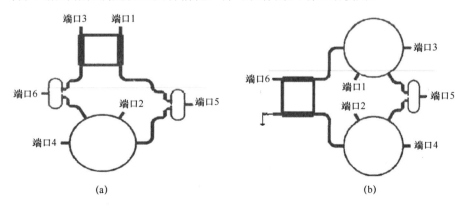

(a)   (b)

图 1-4 典型的六端口电路

1.3 环形电桥的研究现状

图 1-1（a）所示的传统环形电桥也有其固有的缺点，如尺寸大、带宽窄。随着各种微波系统的飞速发展，对环形电桥提出了小型化、宽频带、双波段、谐波抑制等高性能要求。微波传输线技术与理论的不断发展带动着微波元件的不断更新，环形电桥的新结构与新的设计方法也受到了国内外学者的持续关注和研究。

环形电桥的改进研究大多集中在小型化、展宽带宽、双/多频、谐波抑制、可重构等方面。

1.3.1 小型化技术

小型化技术主要有采用集总参数元件、分形技术、人工传输线（Artificial Transmission Lines，ATL）、阶梯阻抗线、复合左右手传输线（Composite Right-Handed Left Handed，CRLH）、缺陷地结构（Defected Ground Structure，DGS）、螺旋微带谐振单元（Spiral Compact Microstrip Resonant Cell，SCMRC）等。其中，集总参数元件的电路虽然有体积小成本低等诸多优点。但是，当频率较高时，集总参数元件的分布参数及损耗的影响大大增大，另外集总参数元件标称值的不连续性也限制了电路设计的自由度。采用二阶 Moore 分形结构[16]的环形电桥相对传统结构电路尺寸 12.6%，但需要外加阻抗匹配段与 50Ω 系统匹配，实际尺寸会增大。采用并联开路支节的人工传输线结构[17]相对电路尺寸分别为 32%、3.9%。不对称交指耦合人工传输线结构[18]相对电路尺寸为 54%。复合左、右手传输线及人工传输线结构[19]相对电路尺寸为 13%。采用有缺陷的 DGS 结构的环形电桥[20]相对电路尺寸为 16%。带补偿结构的螺旋形微带谐振单元环形电桥[21]相对电路尺寸为 30%。慢波 EBG 环形电桥结构[22-23]相对电路尺寸分别为 11%和 8%。周期性加载高低阻抗变换段结构[24]相对电路尺寸为 21.5%。阶梯阻抗段与微带–共面波导宽边耦合混合结构[25]相对电路尺寸为 18%。新型人工共面波导传输线结构[26]相对电路尺寸为 7.2%。基于并联电容和复合左、右手传输线结构[27]相对电路尺寸为 10%。其中相对电路尺寸为 8%[29]和 3.9%[28]的结构都采用微带线，均为单面电路，无须跳线及附加集总参数元件，同时具有尺寸小和容易实现两种优点。

无论是哪种小型化技术，目的都是用最短的物理尺寸实现中心工作频率 90° 和 270°（或–90°）的传输线。最新的研究成果可缩减为传统尺寸的 10%以内。以上各种结构的目的都是小型化，所以除文献[27]和文献[30]结构相对带宽为 40%左右之外，小型化结构工作带宽并没有展宽，与传统结构类似仅为百分之十几。

1.3.2 宽带技术

与小型化方法的种类繁多相比，带宽展宽的办法相对单一，并且结构更为复杂，多为双面电路。共面波导馈电、共面线倒相器（Phase Inverter，PI）结构相对带宽为 68%[31]。共面波导馈电、耦合槽线倒相器组成的环形电桥[32]相对带宽为 62%。由有限接地平面共面波导（Finite Coplanar Waveguide，FCPW）、宽带导相器、四个输出端口阻抗匹配段组成的宽带环形电桥相对带宽为120%[33]。集总参数元件左手传输线实现-90°相移结构相对带宽为 49%[30]。文献[34]工作原理与传统的 180°环形电桥不同，通过微带线–耦合槽线转换、微带线–槽线转换等结合方式获得和与差的运算，带宽很宽达到了 130%。文献[34]将环形电桥的环分割为 6 个部分，通过优化 6 个部分的特性阻抗，另外在输出端加了两种匹配段，相对带宽为 40%。文献[35]将分支电桥展宽带宽的级联方法用于环形电桥，相对带宽为 50%，另外用分形的办法减小尺寸，尺寸缩减为传统的 31%。文献[36]采用微带–共面波导倒相器 ，相对带宽为 80%。文献[37]采用共面阶梯阻抗线、交指共面线倒相器，相对带宽为 97.5%。文献[38]采用另外一种微带–共面波导倒相器，相对带宽为 40%。文献[39]采用电磁耦合倒相及微带–槽线转换接头，相对带宽为 70%。文献[40]利用双面平行带线反相器和加载微带分支电路设计的环形电桥尺寸为传统结构的 11%，相对带宽达到了 82%。如图 1-5 所示为两种典型的通过宽带倒相器展宽环形电桥带宽的新结构。

从宽带 180°环形电桥结构及技术可以看出，除了文献[39-40]用电磁耦合的方式倒相外，大部分结构都是通过改造传统结构中 270°传输线展宽带宽，将270°传输线换为机械长度与 90°传输线相同但加载宽带的 180°倒相器。这种结构同时具有小型化的功能，可将 180°环形电桥的周长从原来 $1.5\lambda_g$ 至少缩减为λ_g，面积缩小为原来的 44%。文献[33, 41]相对带宽可达 100%以上，但是这两种宽带结构都存在工程实现难的问题，分别限制在太窄的槽缝和耦合槽缝宽度上。文献[33]中槽缝宽度 0.038mm，文献[41]中耦合槽缝宽度 0.06mm。另外，宽带结构中普遍存在着两输入端口间隔离度降低的现象。文献[40]是目前工程中较易实现的宽带结构，并且运用了人工传输线技术进行了小型化，其带宽还有待拓展。

总之，环形电桥的带宽在很大程度上取决于 180°倒相器的带宽。可以说，倒相器的带宽、插入损耗、工程易实现性成为限制 180°环形电桥带宽的主要因素。

在通常情况下，倒相可以通过电力线反向获得。各种共面传输线结构中通过跳线比较容易实现倒相。近年来，基于共面传输线的各种宽带倒相器相继产生。共面波导倒相器[42]在3.1∶1带宽内插入损耗小于1dB，相移小于180°±40°。基于微共面线（Micro-Coplanar Strip，MCS）和共面线（Coplanar Strip，CPS）的倒相器[43]在3.8∶1带宽内插入损耗小于1dB，相移小于180°±20°。而基于有限接地平面共面波导倒相器[33]性能很好，但是需要非常窄的缝隙及非常细的跳线，工程上较难实现。基于交指CPS的倒相器[37]也存在相似的问题。文献[44]提出的多层介质倒相器为非共面结构，结构较复杂。文献[36]提出的微带倒相器需要复杂的微带−共面波导的转换接头。文献[45]提出的微带型倒相器通过金属化过孔及接地板开槽获得，结构相对简单，在1.93∶1带宽内插入损耗小于1dB，相移小于180°±20°。文献[40]采用的双面平行带线倒相器工程上容易实现，其案例工作频率相对较低。对该倒相器研究表明，随频率升高倒相器插入损耗增大，会使环形电桥性能变差。文献[46]提出的通过微带线及接地板开槽实现的宽带倒相器结构也比较简单。但是，需要一个开口边界，在与其他电路的集成中需要考虑这个因素。在0.5～5GHz内，插入损耗小于1dB，相移小于180°±20°。除了图1-5中包括的几款宽带倒相器外，典型的两款微带型倒相器结构如图1-6所示。

1.3.3　双/多频技术

为了满足系统多功能多频段等要求，也形成了双/多频环形电桥的研究方向。与微波无源器件实现双/多频的结构形式类似，主要方法可以分为两大类。第一类是针对器件内部阻抗变换段的替换法，即用各种结构的双/多频阻抗变换

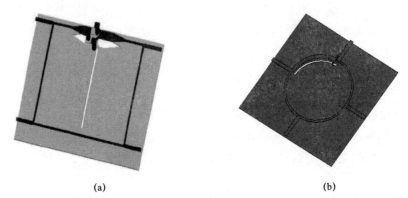

(a)　　　　　　　　　　　　　　(b)

图1-5　宽带环形电桥结构及倒相器

（a）微带−共面波导PI结构[36]；（b）微带−共面波导PI结构[38]。

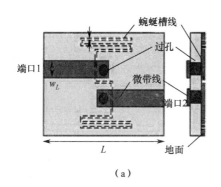 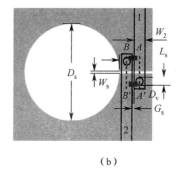

（a）　　　　　　　　　　　　　　　（b）

图 1-6　微带型倒相器

（a）文献[45]的结构；（b）文献[46]的结构。

段代替传统单频阻抗变换段。例如，发展比较成熟的双频微波无源器件[47-49]。分布式双频器件的工作频率均在基波区，由于受到工程可实现性的限制，各种双频结构还存在小频比、大频比实现难的问题[50]。相比之下，三频及四频器件的研究正在起步。无论双/多频阻抗变换器采取何种形式，大多数多频器件的设计仍是基于传统中心频点最优的综合方法，如文献[51-53]将三频阻抗变换器及并联的谐振器用于设计三频 Gysel 功分器；文献[54]通过耦合的复合左、右手传输线获得了三频的阻抗变换器并用于三频功分器的设计中；文献[55]用负折射率传输线获得了四频阻抗变换器并用于四频功分器的设计中。类似地，文献[56]用开路传输线串并联的方法设计了四频阻抗变换器并用于四频分支线定向耦合器的设计中。不论采用什么技术，其理论基础都是经典单频环形电桥设计理论。第二类是针对传统器件外部特性的、基于端口等效导纳的、在端口处添加双/多频阻抗变换器的附加法。例如，文献[57-58]基于此在端口处附加多频阻抗变换器，设计了三频功分器及分支线定向耦合器。这种方法跳出了由传统中心频点最优综合固化了的器件内阻抗变换器多频设计的圈子，从器件外部整体性能出发进行设计，更有其科学性。然而，对于不对称多端口器件，不同端口附加的多频阻抗变换器参数也不相同[57]，需要分别设计。在这方面，环形电桥具有天然优势，其四个端口的反射系数具有对称性。无论是哪种方法，都归结为通过各种技术解决多频阻抗变换器的设计问题。而且工作频点数越多，结构越复杂，设计和实现更困难。而且器件工作区域都限定在基波区，基波区内有且仅有指标频率。将这些方法及设计思路延续至四频、五频，甚至未来需要的六频等无源器件的实现中。可以设想，阻抗变换器的结构会非常复杂或难以实现。必须另辟蹊径。

1.3.4 可重构技术

器件性能的可重构是为了满足系统多功能需求应运而生的另外一个重要的研究方向。极化特性可重构、方向图可重构、频率可重构等各种可重构天线发展迅速。频率可调的可重构滤波器[59]、工作频率可调与阻带可关闭的可重构带阻滤波器[60]等可重构滤波器的研究也方兴未艾。对于多端口的可重构微波耦合器和微波功率分配器，见诸报道的研究相对较少，主要有频率可重构、功分比可重构等方面。香港大学的 Kwok-Keung M. Cheng 团队在可调功分比的环形电桥方面做了大量的研究[61]。通过调整环对称两段传输线的等效电长度实现工作频点上两输出口功分比的变化。文献[62]通过两个双频 90°分支电桥、两个双频电控移相器形成双频功分比可调的功率分配器。文献[63]在双频 T 形分支末端串联变容二极管得到了两个频点频率同时可调的功率分配器。文献[64]实现了频率可调环形电桥。同样的道理，多端口器件的可重构的重点也在于阻抗变换器的可重构。由传输线理论可知，并联电容的传输线在改变相移常数（改变等效电长度）的同时，等效特性阻抗也会改变。因此，通过并联可变电容改变工作频率时，变化的特性阻抗会影响可重构效果。

1.3.5 谐波抑制

微波无源器件频率响应具有的周期性是微波无源器件固有的特性。通常情况下，各种综合理论都是以第一个工作区即基波区作为器件设计及实际工作的区域（基波区有且仅有指标频率）。考虑到系统性能，谐波区要么忽略不计，要么采取各种措施抑制谐波区，由此也形成了微波无源器件谐波抑制的研究方向，取得了相应的研究成果[65-67]。例如，环形电桥就存在三次、五次、七次等奇次倍的谐波工作区。从另外一个角度看，频率响应的周期性对应着它具有天然的多频特性。例如，不考虑基波工作频率，仅考虑三次和五次谐波，传统环形电桥变为频比为 5∶3 的双频环形电桥。若考虑三次、五次及七次谐波，则传统环形电桥变为频比为 7∶5∶3 的三频环形电桥，并且结构极为简单。对基波区有两个工作频点的双频器件，在整个频域上会有更丰富的谐波，因此，可以通过设计基波区的双频比获得整个频域上更自由的多频特性。当然，如何把所需要的多频点选择出来时必须要考虑的现实问题。然而，器件固有的多频谐波特性作为固有特性，除了抑制之外，加以利用以解决当前多频难以实现的难题应该是一个比较好的出路。

1.4　基于理想倒相器的分析

无论环形电桥的结构如何设计，都需要完成微波信号的和与差，因此倒相器必不可少。倒相器可以有不同的选择：一是电力线直接反转的电磁型倒相器；二是半波长线的窄带倒相器或新式宽带倒相器；三是传统单频倒相器或者双频倒相器；四是频率不变的倒相器或者频率可调的可重构倒相器。为了适用于各种情况下的分析，即为了得到普遍适用的分析模型及分析方法，采取自上而下而不是自下而上的视角，将各种情况下的倒相器全部用理想倒相器代替，分析理想倒相器情形下环形电桥的特性，分析清楚后，再用各种实际倒相器结构替换理想倒相器。这么处理的方便之处在于，可以将各种窄带、宽带、双/多频的分析统一起来，得出普遍适用的分析方法。即采用由复杂到简单统一，再由统一到特殊的分析步骤。据此，本书的第 2 章、第 3 章及第 5 章等均是针对基于理想倒相器的结构进行分析。

小　结

根据魔 T 的设计准则，在结构对称与理想反相前提下，匹配、隔离和传输（同相、反相）三种问题仅需要考虑匹配一种，其余两种可以自动满足。这样，大大简化了分析工作。

第 2 章　中心频点准最优设计理论

如第 1 章所述，环形电桥的带宽展宽主要是在倒相器上进行设计，而对于一些宽带系统，要求具有等于或大于 100%的相对带宽，单纯采用宽带倒相器并不能完全解决该问题，可以采取将宽带倒相器与增加匹配支节结合起来的方法获得大于 100%的相对带宽[33]。另外，环形电桥分析中普遍采用的条件是中心频点的理想匹配条件，即中心频点最优法，在本质上为窄带设计方法。实际上，若牺牲小部分中心频点处的理想特性，环形电桥会获得更宽的带宽，这里称为中心频点准最优法。本章首先对基于理想倒相器的环形电桥用中心频点准最优法进行分析，探究在中心频点准最优法的前提下的新的设计方法及其在双频、宽带、小型化、大功分比等设计中的应用。

2.1　基于理想倒相器的 3dB 环形电桥分析

2.1.1　模型及思路

基于理想倒相器（Ideal PI）的 3dB 环形电桥结构如图 2-1 所示。环的特性阻抗为 Z_1，端口阻抗为 Z_0，中心频点 f_0 处有 $2\theta = 2\theta_0 = 90°$。可用奇偶模法分析得出四端口网络的散射参数。传统的思路是在中心频点点考察要满足理想匹配及隔离条件时环的特性阻抗值，结论是 $Z_1 = \sqrt{2}Z_0$，这也是目前普遍使用的方法。实际上，若牺牲小部分中心频点处的理想特性，在考虑一定带宽范围内特性的前提下考察环特性阻抗的取值，在没有增加电路复杂性的情况下会获得更宽的工作带宽。如图 2-2 所示，中心频点反射系数模值为 $|\Gamma_{\mathrm{M}}| = 0.2$，对应 $|\Gamma| \leqslant 0.2$ 的带宽 $\mathrm{BW}_2 = f_4 - f_3$。而传统中心频点理想匹配时 $|\Gamma| \leqslant 0.2$ 的带宽为 $\mathrm{BW}_1 = f_2 - f_1$。对比两条曲线可知，当满足工程需求 $|\Gamma| \leqslant 0.2$ 时，$\mathrm{BW}_2 > \mathrm{BW}_1$，也即中心频点准最优法在牺牲中心频点理想特性的前提下，会获得更宽的频带特性。

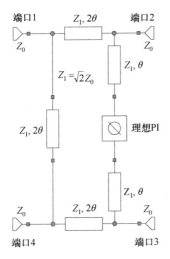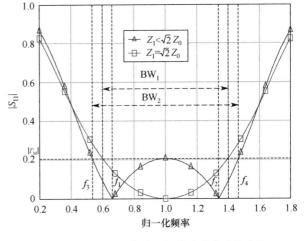

图 2-1　理想 PI 环形电桥结构　　　图 2-2　不同环特性阻抗值的反射系数曲线

2.1.2　奇偶模分析

如图 2-3 所示为图 2-1 基于理想 PI 3dB 环形电桥的奇偶模等效电路。

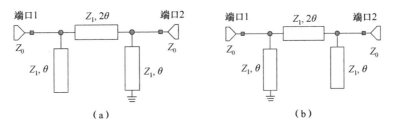

（a）　　　　　　　　　　（b）

图 2-3　基于理想 PI 3dB 环形电桥的奇偶模等效电路

（a）偶模等效电路；（b）奇模等效电路。

图 2-3 中奇偶模等效电路转移参数分别为

$$\begin{bmatrix} A_e & B_e \\ C_e & D_e \end{bmatrix} = \begin{bmatrix} 1 & 0 \\ jY_1\tan\theta & 1 \end{bmatrix}\begin{bmatrix} \cos2\theta & j\sin2\theta/Y_1 \\ jY_1\sin2\theta & \cos2\theta \end{bmatrix}\begin{bmatrix} 1 & 0 \\ -jY_1\cot\theta & 1 \end{bmatrix} \qquad (2\text{-}1)$$

$$= \begin{bmatrix} \cos2\theta + \sin2\theta\cot\theta & j\sin2\theta/Y_1 \\ jY_1\cos2\theta(\tan\theta-\cot\theta)+j2Y_1\sin2\theta & \cos2\theta - \sin2\theta\tan\theta \end{bmatrix}$$

和

$$\begin{bmatrix} A_o & B_o \\ C_o & D_o \end{bmatrix} = \begin{bmatrix} D_e & B_e \\ C_e & A_e \end{bmatrix} \qquad (2\text{-}2)$$

式中：Y_1 为环的特性导纳，$Y_1 = 1/Z_1$。

偶模和奇模等效电路的归一化转移矩阵为

和
$$\begin{bmatrix} a_e & b_e \\ c_e & d_e \end{bmatrix} = \begin{bmatrix} A_e & B_eY_0 \\ C_e/Y_0 & D_e \end{bmatrix} \tag{2-3}$$

$$\begin{bmatrix} a_o & b_o \\ c_o & d_o \end{bmatrix} = \begin{bmatrix} D_e & B_eY_0 \\ C_e/Y_0 & A_e \end{bmatrix} \tag{2-4}$$

式中：$a_e = \cos2\theta + \sin2\theta\cot\theta$，$b_e = j\sin2\theta/y_1$；$c_e = jy_1\cos2\theta(\tan\theta - \cot\theta) + j2y_1\sin2\theta$，$d_e = \cos2\theta - \sin2\theta\tan\theta$；$y_1$ 为环的归一化特性导纳，$y_1 = Y_1/Y_0$；Y_0 为端口的特性导纳，$Y_0 = 1/Z_0$。

环形电桥的 S 参数可分别表示如下：

$$S_{11} = S_{22} = S_{33} = S_{44} = \frac{b_e - c_e}{a_e + b_e + c_e + d_e} \tag{2-5a}$$

$$S_{21} = \frac{2}{a_e + b_e + c_e + d_e} \tag{2-5b}$$

$$S_{31} = S_{42} = 0 \tag{2-5c}$$

$$S_{41} = \frac{a_e - d_e}{a_e + b_e + c_e + d_e} = \frac{2}{a_e + b_e + c_e + d_e} \tag{2-5d}$$

$$S_{32} = -S_{14} \tag{2-5e}$$

其中

$$b_e - c_e = j\frac{1 - 2y_1^2}{y_1}\sin2\theta - jy_1\cos2\theta(\tan\theta - \cot\theta)$$

$$a_e + b_e + c_e + d_e = 4\cos2\theta + j\frac{1 + 2y_1^2}{y_1}\sin2\theta - jy_1\cos2\theta\cot2\theta$$

式（2-5）满足 1.1 节的设计准则，结构对称与理想倒相获得了理想隔离，传输平衡问题自动满足，仅需考虑反射特性，因而问题大大简化。

如图 2-2 所示，假设在中心频点处有 $\Gamma_M = S_{11}|_{f=f_0}$ 及 $2\theta = 90°$，将其代入式（2-5a），可得

$$\Gamma_M = S_{11}|_{f_0} = \frac{b_e - c_e}{a_e + b_e + c_e + d_e} = \frac{1 - 2y_1^2}{1 + 2y_1^2} \tag{2-6}$$

式（2-6）可以分三种情况进行分析。

第一种情况，若 $2y_1^2 \geq 1$，即 $y_1 \geq 1/\sqrt{2}$，$z_1 < \sqrt{2}$（z_1 为环的归一化特性阻抗，$z_1 = 1/y_1$），$Z_1 < \sqrt{2}Z_0$，则

$$|\varGamma_\mathrm{M}| = -\varGamma_\mathrm{M} = \frac{2y_1^2 - 1}{1 + 2y_1^2} \tag{2-7}$$

$$y_1^2 = \frac{1 + |\varGamma_\mathrm{M}|}{2(1 - |\varGamma_\mathrm{M}|)} = \frac{1}{2}\rho_\mathrm{M} \tag{2-8}$$

$$Z_1 = \frac{\sqrt{2}}{\sqrt{\rho_\mathrm{M}}} Z_0 \tag{2-9}$$

式（2-8）和式（2-9）中的 ρ_M 为图 2-2 中中心频点处对应的电压驻波比，即通带内最大的电压驻波比。式（2-9）表明，当环特性阻抗取 $Z_1 = \sqrt{2/\rho_\mathrm{M}}\,Z_0$ 时，环形电桥各端口在中心频点处电压驻波比为 ρ_M。

假设图 2-2 中，两个匹配点对应频率分别为 f_1、f_2（对应传输线电长度分别为 $2\theta_1$、$2\theta_2$），即当 $2\theta = 2\theta_1$、$2\theta_2 = 2 \cdot 2\theta_0 - 2\theta_1 = 180° - 2\theta_1$ 时，有

$$|S_{11}| = 0 \tag{2-10}$$

则

$$b_e - c_e = \mathrm{j}\frac{1 - 2y_1^2}{y_1}\sin 2\theta_1 - \mathrm{j}y_1 \cos 2\theta_1 (\tan\theta_1 - \cot\theta_1) = 0 \tag{2-11}$$

即

$$\cot^2 2\theta_1 = \frac{2y_1^2 - 1}{2y_1^2} \tag{2-12}$$

其中

$$2\theta_1 = \operatorname{arc cot}\frac{\sqrt{2y_1^2 - 1}}{\sqrt{2}\,y_1} = \operatorname{arc cot}\sqrt{1 - \frac{1}{\rho_\mathrm{M}}} = \operatorname{arc cot}\sqrt{1 - K_\mathrm{M}} \tag{2-13}$$

式中：K_M 为通带内最小的行波系数，$K_\mathrm{M} = 1/\rho_\mathrm{M}$。

由式（2-13），有

$$f_1 = \frac{2}{\pi}\operatorname{arc cot}\sqrt{\frac{\rho_\mathrm{M} - 1}{\rho_\mathrm{M}}}\,f_0 = \frac{2}{\pi}\operatorname{arc cot}\sqrt{1 - K_\mathrm{M}}\,f_0 \tag{2-14}$$

$$f_2 = 2f_0 - f_1 \tag{2-15}$$

在图 2-2 中，工作频带内上、下边频率分别为 f_3、f_4（对应传输线电长度分别为 $2\theta_3$、$2\theta_4$），有

$$f_3 = \frac{2}{\pi}\operatorname{arc sin}\frac{\rho_\mathrm{M}}{2\rho_\mathrm{M} - 1}\,f_0 \tag{2-16}$$

$$f_4 = 2f_0 - f_1 \tag{2-17}$$

由式（2-16）和式（2-17）可以看出，通带内中心频点反射系数模值越大，带宽越宽。驻波比小于等于 $\rho_M (\rho_M > 1)$ 的相对带宽为

$$\text{BW}_R = 2\left(1 - \frac{2}{\pi}\arcsin\frac{\rho_M}{2\rho_M - 1}\right) \times 100\% \tag{2-18}$$

第二种情况，若 $2y_1^2 = 1$（$y_1 = 1/\sqrt{2}$），即 $z_1 = \sqrt{2}$，$Z_1 = \sqrt{2}Z_0$ 时，对于式（2-12）和式（2-13），有 $f_1 = f_2 = f_0$，即两个零值点与中心频点重合，退化为传统的中心频点最优法。

第三种情况，若 $2y_1^2 < 1$（$y_1 < 1/\sqrt{2}$），即 $z_1 > \sqrt{2}$、$Z_1 > \sqrt{2}Z_0$ 时，式（2-12）无解，也即在整个频带内无零值点，带宽缩小。

2.1.3 中心频点准最优法

综合上面三种情况可得，第一种情形设计公式为 $Z_1 = \sqrt{2/\rho_M}\,Z_0$，而第二种情形 $Z_1 = \sqrt{2}Z_0$ 中为其特例。第一种情形中，公式直接与中心频点处驻波系数相关，是比传统中心频点最优法更为普遍的方法。因此，本书称为中心频点准最优法。中心频点准最优法是以中心频点的小反射换取更宽的工作频带宽度或获得双频特性的更为普遍通用的方法。环形电桥环特性阻抗取不同值的带宽如图 2-4 所示。从图 2-4 中可以看出，中心频点准最优法设计结果具有天然双频特性，如果中心频点反射在一定范围内时，可视为具有宽带特性，带宽比传统中心频点最优法宽。

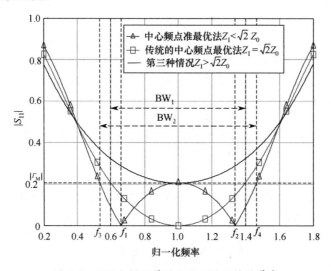

图 2-4 环形电桥环特性阻抗不同取值的带宽

2.2　基于理想倒相器的任意功分比环形电桥分析

2.2.1　任意功分比环形电桥结构

基于理想倒相器的任意输出功分比环形电桥结构如图 2-5 所示，与 3dB 环形电桥相比，该环形电桥由两种特性阻抗值为 Z_1 和 Z_2 的传输线对称组成。同 2.1 节类似，用奇偶模法在考虑一定带宽范围内特性的前提下进行分析。

如图 2-5 所示，假设从端口 1 输入时，端口 2 输出功率 P_2 与端口 4 输出功率 P_4 比值满足

$$P_2 : P_4 = |S_{21}|^2 : |S_{41}|^2 = 1 : k^2, \quad k \leqslant 1 \tag{2-19}$$

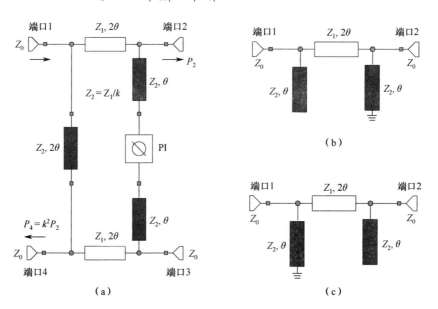

图 2-5　任意功分比环形电桥结构与奇偶模等效电路

（a）任意功分比环形电桥；（b）偶模等效电路；（c）奇模等效电路。

2.2.2　任意功分比环形电桥中心频点准最优法

图 2-5 中偶模和奇模等效电路转移参数分别为

$$\begin{bmatrix} A_e & B_e \\ C_e & D_e \end{bmatrix} = \begin{bmatrix} 1 & 0 \\ jY_2\tan\theta & 1 \end{bmatrix} \begin{bmatrix} \cos 2\theta & j\sin 2\theta / Y_1 \\ jY_1\sin 2\theta & \cos 2\theta \end{bmatrix} \begin{bmatrix} 1 & 0 \\ -jY_2\cot\theta & 1 \end{bmatrix} =$$

$$\begin{bmatrix} \cos 2\theta + 2Y_2 / Y_1 \cos^2\theta & j\sin 2\theta / Y_1 \\ -j2Y_2\cos 2\theta \cot 2\theta + j(Y_1^2 + Y_2^2)/Y_1\sin 2\theta & \cos 2\theta - 2Y_2 / Y_1\sin^2\theta \end{bmatrix} \tag{2-20}$$

和

$$\begin{bmatrix} A_o & B_o \\ C_o & D_o \end{bmatrix} = \begin{bmatrix} D_e & B_e \\ C_e & A_e \end{bmatrix} \tag{2-21}$$

式中：$Y_1 = 1/Z_1$ $Y_2 = 1/Z_2$ 分别为环的特性导纳。

偶模和奇模等效电路的归一化转移矩阵为

$$\begin{bmatrix} a_e & b_e \\ c_e & d_e \end{bmatrix} = \begin{bmatrix} A_e & B_eY_0 \\ C_e/Y_0 & D_e \end{bmatrix}$$

$$= \begin{bmatrix} \cos 2\theta + 2Y_2 / Y_1\cos^2\theta & j\sin 2\theta / y_1 \\ j(y_1^2 + y_2^2)/y_1\sin 2\theta - j2y_2\cos 2\theta \cot 2\theta & \cos 2\theta - 2y_2 / y_1\sin^2\theta \end{bmatrix} \tag{2-22}$$

和

$$\begin{bmatrix} a_o & b_o \\ c_o & d_o \end{bmatrix} = \begin{bmatrix} D_e & B_eY_0 \\ C_e/Y_0 & A_e \end{bmatrix} \tag{2-23}$$

式中：$y_1 = Y_1 / Y_0$ 和 $y_2 = Y_2 / Y_0$ 分别为环的归一化特性导纳。

从而可得任意功分比环形电桥的 S 参数可分别表示为

$$S_{11} = S_{22} = S_{33} = S_{44} = \frac{b_e - c_e}{a_e + b_e + c_e + d_e} \tag{2-24a}$$

$$S_{21} = \frac{2}{a_e + b_e + c_e + d_e} \tag{2-24b}$$

$$S_{31} = S_{42} = 0 \tag{2-24c}$$

$$S_{41} = \frac{a_e - d_e}{a_e + b_e + c_e + d_e} \tag{2-24d}$$

$$S_{32} = -S_{14} \tag{2-24e}$$

其中

$$b_e - c_e = j\frac{1 - y_1^2 - y_2^2}{y_1}\sin 2\theta + j2y_2\cos 2\theta\cot 2\theta \tag{2-25}$$

$$a_e + b_e + c_e + d_e = 2\frac{y_1 + y_2}{y_1}\cos 2\theta + j\frac{1 + y_1^2 + y_2^2}{y_1}\sin 2\theta - j2y_2\cos 2\theta\cot 2\theta \tag{2-26}$$

由带内最大波纹点（中心频点处有 $f = f_0$，$2\theta = 90°$）处确定通带内最大反射系数的模 $|\Gamma_M|$。将 $2\theta = 90°$ 代入式（2-24a）、式（2-24b）和式（2-24d），可得

$$\Gamma_{\mathrm{M}} = \frac{1 - y_1^2 - y_2^2}{1 + y_1^2 + y_2^2} \tag{2-27}$$

$$\frac{S_{21}}{S_{41}} = \frac{2}{a_e - d_e} = \frac{y_1}{y_2} \tag{2-28}$$

由式（2-19），得

$$y_2 = k y_1 \tag{2-29}$$

将式（2-29）代入式（2-27），可得

$$\Gamma_{\mathrm{M}} = \left| \frac{1 - y_1^2 - y_2^2}{1 + y_1^2 + y_2^2} \right| = \left| \frac{1 - (1 + k^2) y_1^2}{1 + (1 + k^2) y_1^2} \right| \tag{2-30}$$

同样，与 2.1 节类似，用中心频点准最优法分析，有 $y_1 \geqslant 1/\sqrt{1+k^2}$，即 $z_1 \leqslant \sqrt{1+k^2}$，$Z_1 \leqslant \sqrt{1+k^2} Z_0$。可得由通带内最大的反射系数模 $|\Gamma_{\mathrm{M}}|$（对应电压驻波比 ρ_{M}）决定的环特性阻抗分别为

$$Z_1 = \frac{\sqrt{1+k^2}}{\sqrt{\rho_{\mathrm{M}}}} Z_0 \tag{2-31}$$

和

$$Z_2 = \frac{Z_1}{k} = \frac{\sqrt{1+k^2}}{k \sqrt{\rho_{\mathrm{M}}}} Z_0 \tag{2-32}$$

当环形电桥为等功率情形时（$k=1$），则式（2-31）和式（2-32）退化为式（2-9）。

同样，匹配零值点频率分别为 f_1、f_2（对应传输线电长度分别为 $2\theta_1$、$2\theta_2$），当 $2\theta = 2\theta_1$，$2\theta_2 = 180° - 2\theta_1$ 时，有

$$|S_{11}| = 0 \tag{2-33}$$

即

$$b_e - c_e = \mathrm{j} \frac{1 - (1+k) y_1^2}{y_1} \sin 2\theta_1 + \mathrm{j} 2 k y_1 \cos 2\theta_1 \cot 2\theta_1 = 0 \tag{2-34}$$

则

$$f_1 = \frac{2}{\pi} \operatorname{arccot} \sqrt{\frac{1+k^2}{2k} \left(1 - \frac{1}{\rho_{\mathrm{M}}} \right)} \cdot f_0 \tag{2-35}$$

$$f_2 = 2 f_0 - f_1 \tag{2-36}$$

同样，当环形电桥为等功分比情形时（$k=1$），式（2-35）退化为式（2-14）。比较式（2-35）和式（2-14），环形电桥不等功分比时，带宽比等功分比时宽。

2.3　中心频点准最优法的应用

可以看出，中心频点准最优法是更为普遍的设计方法，而传统的中心频点最优法是其特例。中心频点准最优法是环形电桥设计的通用方法，对应的式（2-31）、式（2-32）、式（2-35）、式（2-36）可以用于设计双频、宽带、小型化、大功分比环形电桥，见表2-1。

由2.1节和2.2节的分析可以看出，基于理想倒相器的中心频点准最优法与传统中心频点最优法的电路结构是完全相同的，关键在于环的特性阻抗取值。实际电路的具体实现就是理想倒相器的工程实现技术，理想倒相器很难实现。因此，确切的来说，是用在特定频点或频带实现理想特性的倒相器来代替图2-1和图2-5中的理想倒相器。如表2-1中倒数第二行中的各种实际倒相器，如180°半波长传输线（180°TL）、宽带倒相器（WB PI）、双频/宽带倒相器（DB/WBPI）等。

表2-1　环形电桥中心频点准最优法

参数	第一类：中心频点最优、等功分比		第二类：中心频点最优、不等功分比		第三类：中心频点准最优、等功分比		第四类：中心频点准最优、不等功分比	
k	1		k		1		k	
ρ_M	1		1		ρ_M		ρ_M	
f_1	f_0		f_0		$f_1 = \dfrac{2}{\pi} f_0 \cdot$ $\cot^{-1}\sqrt{1 - \dfrac{1}{\rho_M}}$		$f_1 = \dfrac{2}{\pi} f_0 \cdot$ $\cot^{-1}\sqrt{\dfrac{1+k^2}{2k}\left(1 - \dfrac{1}{\rho_M}\right)}$	
f_2	f_0		f_0		$f_2 = 2f_0 - f_1$		$f_2 = 2f_0 - f_1$	
Z_1	$\sqrt{2}Z_0$		$\sqrt{1+k^2}\,Z_0$		$\dfrac{\sqrt{2}}{\sqrt{\rho_M}}Z_0$		$\dfrac{\sqrt{1+k^2}}{\sqrt{\rho_M}}Z_0$	
Z_2	$\sqrt{2}Z_0$		$\dfrac{\sqrt{1+k^2}}{k}Z_0$		$\dfrac{\sqrt{2}}{\sqrt{\rho_M}}Z_0$		$\dfrac{\sqrt{1+k^2}}{k\sqrt{\rho_M}}Z_0$	
PI	180°TL	WB PI	180°TL	WB PI	180°TL @f_1	DB/WB PI	180°TL @f_1	DB/WB PI
结论	传统等功分比环形电桥	改进宽带环形电桥	传统不等功分比环形电桥	改进宽带不等功分比环形电桥	小型化等功分比环形电桥	双频/宽带等功分比环形电桥	小型化不等功分比环形电桥	双频/宽带不等功分比环形电桥

2.3.1　双频环形电桥的设计

对于图 2-5 中,从端口 1 输入,端口 2 和端口 4 两端口的输出功率比为 $1:k^2$ 时,由式(2-31)、式(2-32)、式(2-35)、式(2-36)可以看出,环的特性阻抗及双比 f_2/f_1 由中心频点电压驻波比 ρ_M 确定。

当用双频功能时,令双频比为 b_{21},则

$$b_{21} = \frac{f_2}{f_1} \tag{2-37}$$

由式(2-36),有

$$b_{21} = \frac{f_2}{f_1} = \frac{\pi}{\operatorname{arc cot}\sqrt{\dfrac{1+k^2}{2k}\left(1-\dfrac{1}{\rho_M}\right)}} - 1 \tag{2-38}$$

由式(2-38)可得出取不同 ρ_M 时不同功分比 k^2 下对应的不同的双频比。反过来,也可以由式(2-38)得出预期双频比为 b_{21} 时需要的中心频点的电压驻波比 ρ_M 的值,即

$$\rho_M = \frac{1}{1 - \dfrac{2k}{1+k^2}\cot^2\dfrac{\pi}{1+b_{21}}} \tag{2-39}$$

图 2-6 所示为双频比 b_{21} 与功分比 k^2 及中心频点电压驻波比 ρ_M 的关系。图 2-7 所示为环的特性阻抗 Z_1 与功分比 k^2 和中心频点电压驻波比的关系。

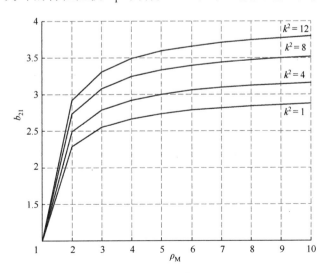

图 2-6　双频比 b_{21} 与 k^2 及 ρ_M 的关系

图 2-8 所示为环的特性阻抗 Z_2 与功分比和中心频点电压驻波比的关系。在图 2-6～图 2-8 中，当 $\rho_M = 1$ 时，对应传统中心频点最优法结果。当 $k^2 = 1$ 时，对应等功分比的情形。从图 2-6～图 2-8 中可以看出，中心频点准最优法具有更大的设计灵活性。ρ_M 越大，频率比越大，对应环的特性阻抗越低，对应功分比越大，频率比越大。从图 2-7 可明显看出，对应于大功分比环形电桥，传统的设计需要很高特性阻抗的传输线。当用微带线实现时，存在工程实现难的问题。而采用中心频点准最优法，在等功分比情形，可以大大降低环的特性阻抗，极大地降低工程实现难度。

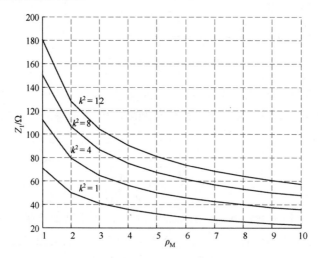

图 2-7　环的特性阻抗 Z_1 与 k^2 及 ρ_M 的关系

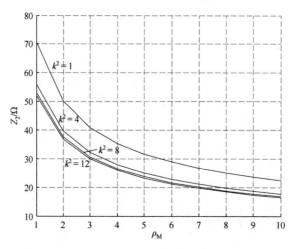

图 2-8　环特性阻抗 Z_2 与 k^2 及 ρ_M 的关系

例 2-1　设计 f_1=1.5GHz、f_2=2.5GHz 双频比为 $b_{21}=f_2:f_1=5:3$ 的 3dB 双频环形电桥。

图 2-1 中，中心工作频率为 $f_0=(f_1+f_2)/2$=2GHz，由式（2-39）可知，当 k^2=1、f_1=1.5GHz、f_2=2.5GHz，$b_{21}=f_2:f_1=5:3$ 时，有 ρ_M=1.21。由式（2-31）和式（2-32），得 $Z_1=Z_2$=68.28Ω。双频比为 5:3，若实现双频，需要将图 2-1 中的理想倒相器用可以同时工作在 f_1=1.5GHz 和 f_2=2.5GHz 的倒相器代替。鉴于本例双频比的特殊性，可用一段特性阻抗为 68.28Ω、在 f_1 和 f_2 两个频点的电长度均为 180°（或 180°的整数倍）的均匀传输线代替。具体地，考虑到最小尺寸，可用在 f_a=0.5GHz 频点处的一段 180° 传输线代替。

选取介质板相对介电常数 ε_r = 2.2，介质板厚度 h=0.8mm。对应 68.28Ω 的环微带线宽度 w_1=1.5mm，环长度由对应 f_0=2GHz 的一个波导波长 λ_{g0}=110.74mm 和对应 f_a=0.5GHz 的半个波长 $\lambda_{ga}/2$=221.55mm 两段构成，环半径 r=52.89mm。50Ω的微带线宽度 w_0=2.46mm。双频比为 5:3 的双频环形电桥电路图及实物图分别如图 2-9 和图 2-10 所示。S 参数频率响应仿真结果和测试结果分别如图 2-11 和图 2-12 所示。设计参数如表 2-2 所列。仿真软件为 Ansoft ensemble。测试结果和仿真结果吻合得很好。

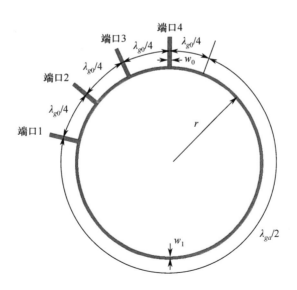

图 2-9　例 2-1 和例 2-2 的双频环形电桥电路结构图

图 2-10 例 2-1 频比为 5 : 3 的双频环形电桥电路实物图

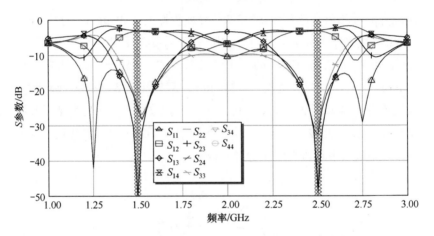

图 2-11 例 2-1 频比为 5 : 3 的双频环形电桥仿真结果

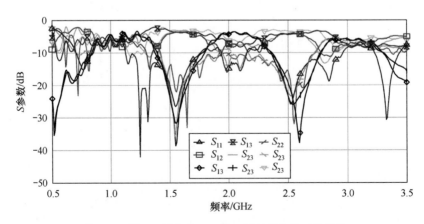

图 2-12 例 2-1 频比为 5 : 3 的双频环形电桥测试结果

表 2-2　例 2.1 频比为 5 : 3 的双频环形电桥参数

参数	f_1	f_2	f_0	f_2/f_1	k^2	ρ_M	Z_1	Z_2
值	1.5GHz	2.5GHz	2GHz	5 : 3	1	1.21	68.28Ω	68.28Ω
参数	ε_r	h	w_1	w_0	r	λ_{g0}	λ_{ga}	
值	2.2	0.8mm	1.5mm	2.46mm	52.89mm	110.74mm	443.1mm	

可以看出，该双频环形电桥具有结构简单、易于设计的优点。也证明了简单的单节环形电桥就具有双频特性的潜力。对于任意频比的双频环形电桥，关键在于任意双频比倒相器的实现。关于任意双频比倒相器的设计，将在第 6 章专门讨论。

例 2-2　设计 f_1=1.2GHz、f_2=2.8GHz 双频比 b_{21}=f_2 : f_1=7 : 3 的 3dB 双频环形电桥。

图 2-1 中，中心工作频率为 f_0=（f_1+f_2）/2=2GHz，由式（2-39）可知，当 k^2=1、f_1=1.5GHz、f_2=2.5GHz、b_{21} = f_2 : f_1 = 5 : 3 时，有 ρ_M =1.21。由式（2-31）和式（2-32），得 Z_1=Z_2=68.28Ω。

同样的方法，在图 2-1 中，中心工作频率为 f_0=（f_1+f_2）/2=2GHz，由式（2-39）可知，当 k^2=1、f_1=1.2GHz、f_2=2.8GHz、b_{21} = f_2 : f_1 = 7 : 3 时，有 ρ_M =2.12。由式（2-31）和式（2-32），得 Z_1=Z_2=48.56Ω。双频比为 7 : 3，实现双频，需要将图 2-1 中的理想倒相器用可以同时工作在 f_1=1.2GHz 和 f_2=2.8GHz 的倒相器代替。鉴于本例频比的特殊性，可用一段特性阻抗为 48.56Ω、在 f_1 和 f_2 两个频点的电长度均为 180°（或 180°的整数倍）的均匀传输线代替。具体地，可用在 0.4GHz 频点处的一段 180°传输线代替。

选取介质板相对介电常数 ε_r = 2.2，介质板厚度 h=0.8mm。对应 48.56Ω 的环微带线宽度 w_1=2.58mm，环长度由对应 f_0=2GHz 的一个波长 λ_{g0}=110.74mm 和对应 f_a=0.4GHz 的半个波长 λ_{ga}/2=272.61mm 两段构成，环半径 r=61.01mm。50Ω 的微带线宽度 w_0=2.46mm。频比为 7 : 3 的双频环形电桥电路图及实物图分别如图 2-9 和图 2-13 所示。S 参数频率响应仿真结果和测试结果分别如图 2-14 和图 2-15 所示。仿真软件为 Ansoft Ensemble。测试结果和仿真结果吻合很好。

表 2-3　例 2-2 频比为 7 : 3 的双频环形电桥参数

参数	f_1	f_2	f_0	f_2/f_1	k^2	ρ_M	Z_1	Z_2
值	1.2GHz	2.8GHz	2GHz	7 : 3	1	2.12	48.56Ω	48.56Ω
参数	ε_r	h	w_1	w_0	r	λ_{g0}	λ_{ga}	
值	2.2	0.8mm	2.58mm	2.46mm	61.01mm	110.74mm	545.22mm	

图 2-13　例 2-2 频比为 7∶3 的双频环形电桥电路实物图

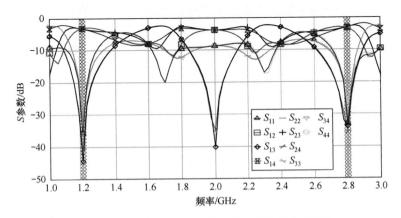

图 2-14　例 2-2 频比为 7∶3 的双频环形电桥仿真结果

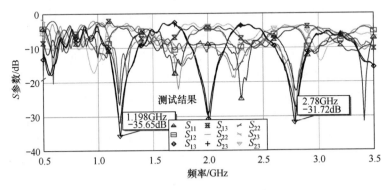

图 2-15　例 2-2 频比为 7∶3 的双频环形电桥测试结果

2.3.2　宽带/双频环形电桥的统一设计

当带内电压驻波比 $\rho_M \leqslant 2$ 时，如图 2-4 所示，虽然在中心频点左、右两侧有两个匹配点，严格来讲为双频特性。但是，在整个带内，电压驻波比 $\rho_M \leqslant 2$，满足实际工程的匹配需求。因此，可将 $\rho_M \leqslant 2$ 的环形电桥看作工作频带范围从 f_3 和 f_4 的宽带环形电桥。可以看出，与传统的环形电桥结构相比，环形电桥电路结构复杂度没有任何增加，仅仅通过降低环的特性阻抗就可以将带宽展宽。当 $\rho_M = 1.5$ 而且端口阻抗为 50Ω 时，由式（2-9）、式（2-14）～式（2-17）可分别求得参数 $Z_1 = 57.74\Omega$、$f_1 = 0.5399f_0$、$f_2 = 1.3333f_0$、$f_3 = 0.6667f_0$、$f_4 = 1.4601f_0$。由式（2-18）得环形电桥相对带宽为 92%，而传统中心频点最优法 $\rho_M < 1.5$ 的相对带宽为 78.4%，中心频点准最优法比传统方法带宽展宽 13.6%，而电路结构与复杂度没有任何变化。当带内电压驻波比取 $\rho_M = 2$ 时，$Z_1 = Z_0$，环形电桥相对带宽为 107%，可以满足某些超宽带系统相对带宽为 100% 的需求。

例 2-3　环形电桥宽带双频统一设计。

取中心频点 2GHz。表 2-4 所列为等功分比、不等功分比两种情况下，中心频点驻波比取不同值时对应的电路参数及电路特性。频率响应分别如图 2-16 和图 2-17 所示。比较不等功分比中设计参数发现，与传统的设计方法相比，中心频点准最优法在设计不等功分比环形电桥时，大大降低了环的特性阻抗值。而当功分比很大时，传统方法会出现极高特性阻抗值，用微带线实现时会面临工程实现难的缺点。而中心频点准最优法直接从设计层面解决了这一问题，而且电路结构及复杂度没有任何增加。对应大功分比的具体案例将在 2.3.4 节中详细介绍。

表 2-4　环形电桥宽带/双频设计参数

功分比	设计	电路参数	电路特性
等功分比 $k^2=1$	传统设计	$\rho_M=1$, $Z_1=Z_2=70.7\Omega$	$\rho<2$ 相对带宽 100%
	宽带设计	$\rho_M=1.5$, $Z_1=Z_2=57.7\Omega$	$\rho<2$ 相对带宽 127%
	双频设计	$\rho_M=4.5$, $Z_1=Z_2=33.2\Omega$	双频比 $f_2/f_1=2.70:1$
		$\rho_M=12.5$, $Z_1=Z_2=20\Omega$	双频比 $f_2/f_1=2.89:1$
不等功分比 $k^2=4$	传统设计	$\rho_M=1$, $Z_1=111.8\Omega$, $Z_2=55.9\Omega$	$\rho<2$ 相对带宽 109.6%
	宽带设计	$\rho_M=1.5$, $Z_1=91.3\Omega$, $Z_2=45.6\Omega$	$\rho<2$ 相对带宽 114.4%
	双频设计	$\rho_M=4.5$, $Z_1=52.7\Omega$, $Z_2=26.4\Omega$	双频比 $f_2/f_1=2.96:1$
		$\rho_M=12.5$, $Z_1=31.6\Omega$, $Z_2=15.8\Omega$	双频比 $f_2/f_1=3.19:1$

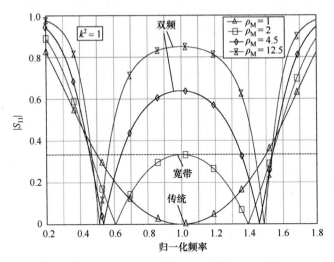

图 2-16　例 2.3 等功分比宽带/双频设计结果

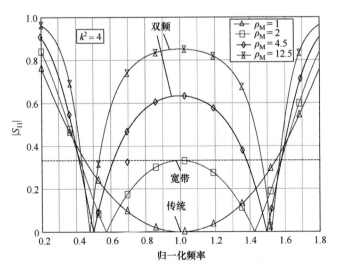

图 2-17　例 2.3 不等功分比宽带/双频设计结果

2.3.3　环形电桥小型化的设计

综上所述，当中心频点电压驻波比 $\rho_M > 1$ 时，依据中心频点准最优法设计的图 2-5 所示环形电桥具有双频特性。如果把图 2-1 中理想倒相器用频点 f_1 处对应的半波长传输线代替，等效电路如图 2-18 所示。设计公式如下：

$$f_1 = f_0 \frac{2}{\pi} \operatorname{arc\,cot} \sqrt{1 - \frac{1}{\rho_M}} \qquad (2\text{-}40a)$$

$$Z_1 = \sqrt{\frac{2}{\rho_M}} Z_0 \qquad (2\text{-}40b)$$

$$2\theta = \frac{\pi}{2} @ f_0 \qquad (2\text{-}40c)$$

$$\varphi = \pi @ f_1 \qquad (2\text{-}40d)$$

可以根据需要的 f_1 由式（2-40a）确定 f_0 和 ρ_M 的值，然后由式（2-40b）、式（2-40c）和式（2-40d）得到其余设计参数的值。

可以设想，图 2-18 所示结构将为仅工作于 f_1 的单频环形电桥。整个环的周长即为 $\lambda_0 + \lambda_1 / 2$，其中，$\lambda_0$ 为中心频点对应波导波长，λ_1 为设计频点 f_1 对应的波导波长。按照传统设计方法，环的周长为 $1.5\lambda_1$。当中心频点电压驻波比比较大时，对于等功分比结构，面积直接缩小为传统结构的 44% 左右。文献[68]也对图 2-18 所示结构进行了分析并得出了设计公式。可以证明两种设计方法结论是一致的，但是中心频点准最优法设计公式更为简单，并且具有通用性。不等功分比情形中同样也可用此方法来小型化。

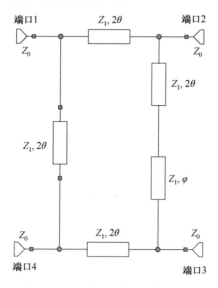

图 2-18　小型化环形电桥等效电路

2.3.4　大功分比环形电桥的设计

在某些天线阵馈电系统及监测电路中，大功分比功分器和耦合器非常重要。基于微带线的传统结构在实现大功分比时，高阻抗线的工程实现是必需要解决的难题。本节通过具体案例考察中心频点准最优设计法在设计大功分比情形时的优势。如果把图 2-5 中理想倒相器用频点 f_1 处对应的半波长传输线代替，就可得到小型化大功分比环形电桥，等效电路如图 2-19 所示。

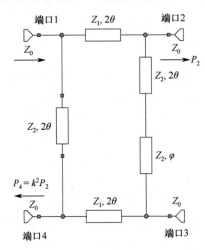

图 2-19　小型化不等功分比环形电桥等效电路

设计公式如下：

$$f_1 = \frac{2}{\pi} \operatorname{arc\,cot} \sqrt{\frac{1+k^2}{2k}\left(1-\frac{1}{\rho_M}\right)} f_0 \tag{2-41a}$$

$$Z_1 = \frac{\sqrt{1+k^2}}{\sqrt{\rho_M}} Z_0 \tag{2-41b}$$

$$Z_2 = \frac{Z_1}{k} = \frac{\sqrt{1+k^2}}{k\sqrt{\rho_M}} Z_0 \tag{2-41c}$$

$$2\theta = \frac{\pi}{2} @ f_0 \tag{2-41d}$$

$$\varphi = \pi @ f_1 \tag{2-41e}$$

可以根据需要的 f_1 和功分比 k^2 由式（2-41a）确定 f_0 和 ρ_M 的值，然后由式（2-40b）～式（2-40e）得到其余设计参数的值。

例 2-4　工作于 1GHz 的微带 20dB 环形电桥设计。

20dB 环形电桥对应 $k^2 = 100$。工作频率对应图 2-2 的第一个工作频点，即 $f_1 = 1\text{GHz}$。取 $\rho_M = 10$，$Z_0 = 50\Omega$，式（2-41）可知，$Z_1 = 15.89\Omega$，$Z_2 = 158.9\Omega$，

$f_0 = 3.5814\text{GHz}$。取介质板相对介电常数 $\varepsilon_r = 2.2$，损耗角 $\tan\delta = 0.0029$，介质板厚度 h=0.8mm。图 2-5 中的理想倒相器用频率 f_1 处对应的半波长传输线代替（$f_1 = 1\text{GHz}$ 时，$\lambda_1/2 = 104.67\text{mm}$，$Z_1 = 15.89\Omega$），20dB，环形电桥电路结构如图 2-20 所示。20dB 功分比环形电桥实物图如图 2-21 所示。大功分比的环形电桥电路设计参数如表 2-5 所列。仿真结果如图 2-22 所示。测试结果如图 2-23 和图 2-24 所示。

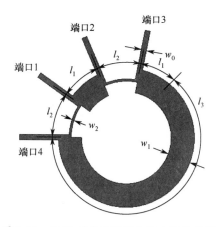

图 2-20　20dB 功分比环形电桥电路结构图

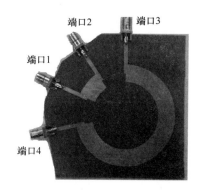

图 2-21　20dB 功分比环形电桥实物图

表 2-5　大功分比的环形电桥电路设计参数

参数	f_1	f_0	k^2	ρ_M	Z_1	Z_2	ε_r	h
值	1GHz	3.5814GHz	100	10	15.89Ω	158.9Ω	2.2	0.8mm

参数	$\tan\delta$	w_0	w_1	w_2	l_1	l_2	l_3	
值	0.0029	2.46mm	10.8mm	0.2mm	14.56mm	16.0mm	104.67mm	

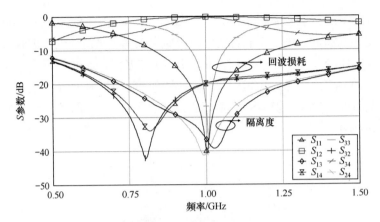

图 2-22　20dB 功分比环形电桥 S 参数的仿真结果

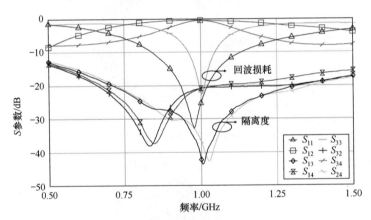

图 2-23　20dB 功分比环形电桥 S 参数的测试结果

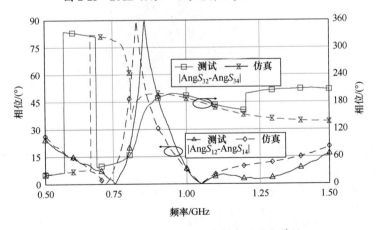

图 2-24　20dB 功分比环形电桥相位平衡特性

由例 2-4 可看出，即使功分比达 1∶100，高阻抗线特性阻抗仅为 158.9Ω，而传统设计方法高达 502.5Ω，用传统微带线，工程上几乎无法实现。因此，在大功分比的设计中，与传统方法相比，中心频点准最优法的设计避免了极高特性阻抗的出现，解决了微带型大功分比环形电桥的工程实现难题，而且电路复杂度没有增加，设计简单。比传统的设计方法，尺寸缩减了 73%。

小　　结

将传统环形电桥中的 180°传输线用理想倒相器代替进行分析得出的中心频点准最优法，具有通用性，可用于窄带、宽带、双频、小型化及大功分比等情形的设计。而理想倒相器用实际倒相器来代替，则是在通用理论指导下解决实际问题的技术手段。

第 3 章　倒相器采样法

第 2 章对环形电桥的分析是基于理想倒相器，得出了中心频点准最优法。而理想倒相器只能用于纯理论分析，实际工程设计中，必然要用实际倒相器替代。第 2 章中的各个工程设计实例也体现了这一点。在基于理想倒相器理论分析的基础上用实际倒相器替代的方法，本书称为"采样法"。该方法类似于信号处理中的采样原理。理想倒相器与频率没有关系，首先得出基于理想倒相器对应器件频响曲线，如果将理想倒相器用实际频率相关倒相器代替，则原频响曲线上对应相关频率处的特性应该保留不变。从这一点来说，与信号处理中采样原理类似，因此本书称为"采样法"。而实际倒相器可以是窄带的倒相器、宽带的倒相器、双/多频的倒相器，还可以是可重构倒相器。如此一来，便对应各种特性的实际环形电桥，如窄带/宽带/双/多频及可重构环形电桥，而各种特性环形电桥均可用统一的中心频点准最优法设计。

3.1　倒相器采样法的原理

采样原理是连接离散信号和连续信号的桥梁，其过程如图 3-1 所示，是在一个连续信号上选出需要的离散信号。其关键点是，在各离散点，离散值与原连续信号值相同。在通常情况下，横轴为时间，纵轴为信号幅度。

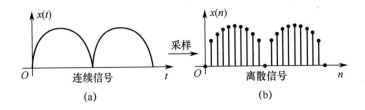

图 3-1　信号处理中的采样原理

本书提出的倒相器采样法过程与此类似，是基于频率无关理想倒相器的器件频响特性选出所需要的工作频点（工作频带）或工作状态。图 3-2 所示为基于理想倒相器环形电桥频率响应，它具有两个匹配点。将理想倒相器用第一个匹配点对应的半波长传输线代替，即用实际半波长传输线倒相器进行采样，得出如图 3-3 所示的采样后实际电路的频响曲线。

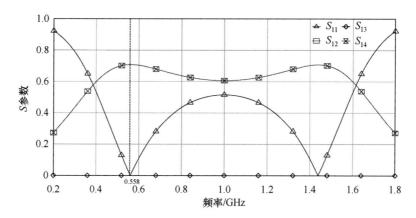

图 3-2　基于理想倒相器环形电桥频响曲线

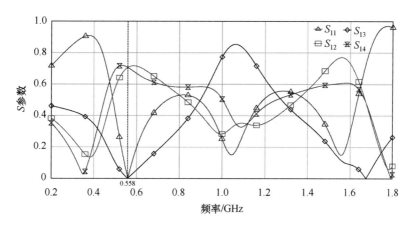

图 3-3　用第一频点半波长传输线的采样结果

对比图 3-2 和图 3-3 所示两幅频率响应结果发现，尽管两幅频率响应图很不相同。然而，与采样原理类似，在采样频点 0.558（归一化频率）处，图 3-3 各 S 参数均保留了与图 3-2 一致的值，即理想匹配（$S_{11}=0$）、理想隔离（$S_{13}=0$）、能量平分（$|S_{14}|=|S_{12}|=0.707$）。这个关键点与采样原理是类似的，不同的是，横轴是频率，而不是时间。纵轴可以是信号幅度，也可以是相位。

3.2　倒相器采样法的分类

3.2.1　分类一

根据实际倒相器的不同可以把本书提出的采样法分为窄带采样、宽带采样、双/多频采样、可重构采样等。如图 3-4 所示，理想倒相器通常情况下可用四种实际倒相器代替。

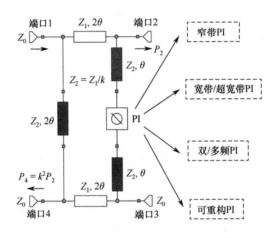

图 3-4　理想倒相器用四种实际倒相器替代法

半波长传输线仅在中心频点处有 180° 的相移，可以看作窄带倒相器。因此，用半波长传输线代替图 3-4 中理想倒相器的方法称为窄带采样。而传统微带混合环就是典型的窄带采样的类型，其他的如例 2-1、例 2-2、例 2-4 均是窄带采样型。对应地，器件具有窄带特性（如例 2-4），或考虑到倒相器谐波，有可能具有双频特性（如例 2-1 和例 2-2）。

各种宽带/超宽带倒相器代替理想倒相器的方法称为宽带采样，图 3-5 所示为基于微带–槽线超宽带倒相器的环形电桥，具体设计见 6.2 节，该结构具有120% 的相对带宽。根据分析，宽带采样对应器件具有宽带/超宽带特性或者双频特性。文献[36]和文献[40]的结果分别为基于微带–共面波导宽带倒相器及双面平行带线超宽带倒相器的宽带/超宽带环形电桥。这种结构设计的关键就归结为宽带或超宽带倒相器的设计。

由第 2 章分析可知，基于理想倒相器的单节环形电桥隐含有双频特性。如图 3-4 所示，用双频倒相器代替理想倒相器就可以获得实际双频环形电桥结构。如果考虑到原环形电桥在整个频域上的谐波特性（见第 4 章），再用多频倒相器采样，就可得到实际多频环形电桥结构。这种结构设计的关键就归结为双频或多频的倒相器的设计。

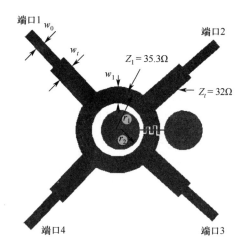

图 3-5 基于微带–槽线宽带倒相器采样的宽带环形电桥

最后一种采样为可重构采样，即用可重构倒相器代替原理想倒相器实现环形电桥的可重构特性。具体来说，可重构倒相器可分为频率可切换倒相器与频率连续可调倒相器两种。频率可切换倒相器是倒相器工作频率可在两个或多个工作频率上通过控制电路切换。而频率连续可调倒相器是通过控制电路，使倒相器工作频率连续调整变化。

3.2.2 分类二

上面的分类是基于倒相器的不同进行的分类。而根据原基于理想倒相器的环形电桥的频率响应特性，采样法又可分为理想采样法和基于宽带基础上的采样法两种。具体来说，原基于理想倒相器的环形电桥的频率响应特性在频带内的某些频点是理想的匹配点（对应理想隔离点、传输点），而倒相器采样时是在这些理想点采样，则称为理想采样法。如例 2-1、例 2-2 和例 2-4，后面要介绍的三频换环形电桥（见 7.1 节）也属此类。另外，考虑到实际工程指标，如回波损耗大于 10dB 的实际工程需求，只要满足此要求，便可以满足工程指标要求。因此，采样点不一定是理想的匹配点等。如果在一定带宽内各个指标均能满足要求，也可构成采样基础。这种方法称为宽带基础上的采样法。如图 3-6 所示，图（a）为基于理想倒相器的反射系数模值的频率响应曲线，其具有宽带特性。用频率连续可调的倒相器替代理想倒相器，可得出图（b）所示采样结果。

可以看出，各采样频点的反射系数最小值的包络与原宽带频响特性一致，在原频响特性中心频点处，有最低的反射，往两边反射逐渐增大。但是，如果限定一定的采样范围，在此范围内，反射特性是能够满足实际工程需要的，不一定在每个采样频点处都要理想匹配。此种宽带基础上的采样法不仅适合于频率可调可重构器件的设计，而且此种采样法也适合构成各种双/多频器件的设计。如此一来，问题归结为两个：第一个即宽带频响基础；第二个即可重构倒相器或双/多倒相器的设计。这种方法提供了一种多频器件设计的新方法，把宽带设计和多频器件的设计有机的结合，互为基础而且可各自独立设计。

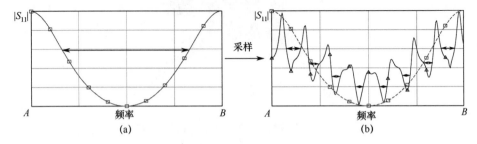

图 3-6　宽带基础上的采样结果

（a）宽带微波器件；（b）窄带频率可调微波器件。

图 3-7 所示为理想倒相器用不同频率半波长传输线代替采样的结果，虚线为中心工作频率为 1GHz 带有理想倒相器环形电桥的反射系数频响曲线，实线为频率 0.7～1.4GHz 的半波长传输线代替理想倒相器后的反射系数频响曲线。是典型的宽带基础上的采样。

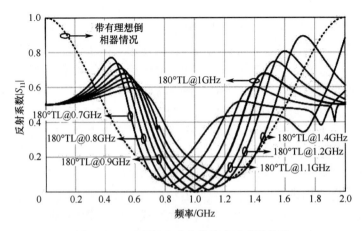

图 3-7　环形电桥半波长传输线的采样结果

小　结

倒相器采样法是一种新的设计思路，使得理论设计与技术实现可以独立而又有机的结合。

第 4 章 微波无源器件谐波响应及应用

微波无源器件在频域的多谐波响应及周期性响应是其固有的特性。在传统窄带器件频率响应中存在中心工作频率奇数倍的谐波，该特性已应用于谐波混频器、谐波雷达等器件及系统中，而大多情况下研究的是如何抑制谐波。对于各种小型化以及双/多频器件，各高次谐波与基波相比虽然没有明显的整数倍关系。但是，同样存在这种按一定规律重复出现的工作区，为了沿袭传统窄带器件称谓习惯，本项目称为谐波区，对应的第一个周期称为基波区。传统窄带微波无源器件的高次谐波之间不一定成倍数关系。各种小型化微波无源器件的基波区及谐波区的各高次频率间也不一定成倍数关系，各种双频微波无源器件基波区内的两个频点及各谐波区内的两个频点间也不一定成倍数关系。从整个频域上看，无论是传统窄带还是各种新型小型化及双频微波无源器件，都具有多频特性，即简单的结构就具有天然的多频特性。实际上，例 2-1 和例 2-2 就是利用了半波长传输线的谐波特性，结合器件固有特性，最终设计的双频结构极为简单。本章就是对该天然多频特性进行分析并探讨其在双/多频器件设计上的应用。

4.1 微波窄带无源器件典型频率响应特性分析

如图 4-1 所示为窄带器件典型频率响应分布图。在通常情况下，器件均工作在基波区的中心频点 f_0 处，即器件实际工作频率与基波区中心频点 f_0 重合。通常关注的频率区间仅为基波区，从整个频域看，在通常情况下，器件具有奇次谐波。七次、五次谐波与三次谐波间频率比 b_{21} 分别为 $7:3$ 和 $5:3$，并不等于整数，以此类推。可以看出，可以实现的双频虽然只能实现固定的频比，但是也显示了传统极简单点频工作器件具有的天然的双多频特性。

如取三次谐波为基准，可以实现（$5:3$，$7:3$，$11:3$，…）等双频分布。图 4-2 所示为以三次谐波为基准可实现的离散的频比分布图。如取五次谐波为基准，则可以实现（$7:5$，$9:5$，$11:5$，$13:5$，…）等双频分布。图 4-3 所示为以五次谐波为基准可以实现的离散的频比分布图。由图可以看出，谐波基准确定后，谐波次数越高，双频频比越大，因此用高次谐波法实现大频比双频是比较容易的。反过来，当要实现小频比双频时，则需要两个谐波比较接近，两个谐波都需要选择比较高的次数。因此，用高次谐波法实现小频比双频时，器件尺寸会比较大，优势不明显。

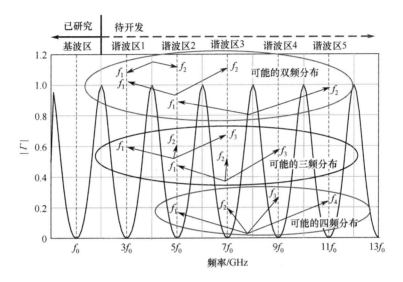

图 4-1　窄带器件基波及谐波典型频响曲线

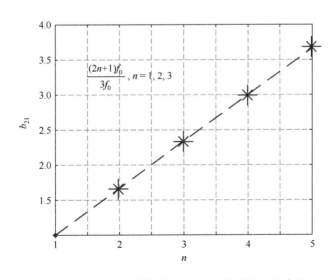

图 4-2　以三次谐波为基准可实现的离散的频比分布图

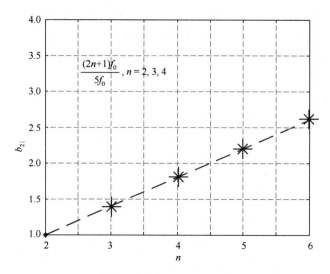

$$\frac{(2n+1)f_0}{5f_0}, \; n = 2, 3, 4$$

图 4-3　以五次谐波为基准可实现的离散的频比分布图

　　考虑各谐波特性后，如图 4-1 所示，除了可以实现双频特性，也可以实现三频、四频特性：取三个工作频点为三次、五次、七次谐波时，可以实现三频比为（3∶5∶7）或（3∶5∶11）等三频器件；取四个工作频点依次为五次、七次、九次、十一次谐波时，可实现的四频比（5∶7∶9∶11）等四频器件。优点是实现容易，电路结构将会相对简单，但是仅可实现一定离散分布的三频、四频及更高频的器件。

4.2　微波双频无源器件典型频率响应特性分析

　　双频器件典型频率响应曲线如图 4-4 所示。在图 4-4 中，除了基波区的两个工作频点外。相应地，每个谐波区也有两个工作频点，各谐波区双频点绝对频差固定不变。由于基波区就具有双频特性，因此，考虑到整个频域的谐波特性后，可以更为灵活的实现双多频特性。

　　从图 4-4 可以看出，当仅考虑基波区时，若器件只工作于单频特性，则基波区双频特性具有小型化功能。如果当选择 f_1 为工作频率时，因为 $f_1 < f_0$，则实现了小型化见例 2-4。

　　基波区的双频特性使得考虑谐波区特性后实现双频特性更为灵活。如图 4-4 所示，在整个频域上分布的工作频点有 f_1，f_2，f_3，…。令基波区双频比为 b_{21}，则

$$b_{21} = \frac{f_2}{f_1} \tag{4-1}$$

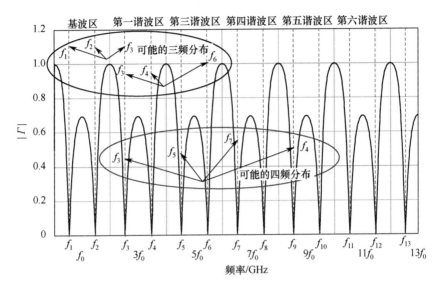

图 4-4　双频器件基波区及谐波区典型频响曲线

还可能存在的双频比如下：

$$b_{31} = \frac{f_3}{f_1} = \frac{3f_0 - (f_2 - f_1)/2}{f_1} = 2 + b_{21} \tag{4-2}$$

$$b_{41} = \frac{f_4}{f_1} = \frac{3f_0 + (f_2 - f_1)/2}{f_1} = 1 + 2b_{21} \tag{4-3}$$

$$b_{32} = \frac{f_3}{f_2} = \frac{3f_0 - (f_2 - f_1)/2}{f_2} = 1 + \frac{2}{b_{21}} \tag{4-4}$$

由此可以看出，仅用调整基波区双频比，就可以获得各种大小的双频比。如基波区双频比 b_{21} 比较大时，选取双频频点为 f_1 和 f_3 或者 f_1 和 f_4 时，原电路结构不变，利用固有谐波特性，就可以得到大频比双频。当然，第二个频率还可以往更高频域选。反过来，如果选择双频频点为 f_2 和 f_3 时，就可以得到小频比双频。

类似的，可在整个频域上选择三个、四个或者多个工作频点实现三频、四频或多频特性。其频比已由基波区双频固化。

4.3 微波宽带无源器件典型频率响应特性分析

在实际工程应用中，除了要求实现双/多频特性，还要求各频带具有一定带宽来满足系统带宽的需求，而传统的双/多频设计方法难以满足带宽需求。在实际上，考虑到整个频域特性，如图 4-5 所示为宽带器件基波区及谐波区典型频响曲线。从图中可以看出，考虑到谐波特性后，类似地，器件具有双/多频特性，各工作频带绝对带宽由基波区绝对带宽决定。

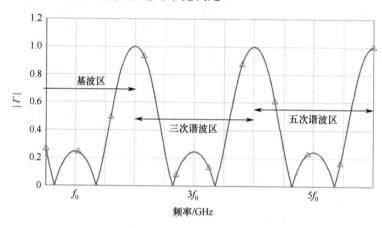

图 4-5 宽带器件基波区及谐波区典型频响曲线

4.4 工作频率的选择提取

如前所述，在整个频域上，器件具有的双/多频特性是其固有特性，如何选择提取出所需频点，成为了关键。而第 3 章提出的采样法是提取所需频点的有效方法。它通过基于理想倒相器器件的设计，设计出包含所需频点响应的初级器件结构，再通过双多频倒相器代替理想倒相器得到最终器件结构，实现所需频点的提取。

具体地，以环形电桥为例可分为如下四种情形。

（1）第一种情形：基于理想倒相器环形电桥，包括且仅包括所需要的单/双/多频点；实际采样倒相器也仅包括所需要的单/双/多频点。

（2）第二种情形：基于理想倒相器环形电桥，包括但不限所需要的单/双/多频点；实际采样倒相器仅包括但不限所需要的单/双/多频点。

（3）第三种情形：基于理想倒相器环形电桥，包括且仅包括所需要的单/双/多频点；实际采样倒相器仅包括但不限所需要的单/双/多频点。

（4）第四种情形：基于理想倒相器环形电桥，包括但不限所需要的单/双/多频点；实际采样倒相器包括但不限所需要的单/双/多频点。

符合四种情形之一就可以，设计有了更多的自由度。以实现双频（f_A/f_B）特性为例，上述四种情况示意图如图 4-6 所示。

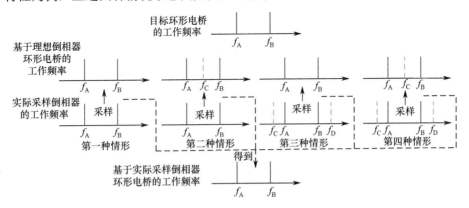

图 4-6　利用谐波响应特性及采样法设计双频环形器的四种情况示意图

小　　结

微波无源器件谐波响应的应用有三个关键点或三个步骤。第一，器件原理电路中包括有频率无关元件（如理想倒相器）；第二，将研究区域拓展到整个频域而不仅限于基波区，器件频响谐波中分布有（不限有）所需要的工作频点（频带）；第三，通过设计所需频点相关元件（如实际窄带、双/多频倒相器）代替频率无关元件（如理想倒相器）实现所需要的频点的提取。整个过程可看作是器件频域固有特性设计和所需要的频点提取设计的独立和有机结合。

第 5 章　准对称多端口器件的构造及应用

对称电路相应的参数具有对称性，可大大简化问题的分析。如平行耦合线定向耦合器，其结构上四个端口完全对称，可等效为四个端口都对称的四端口网络，其 16 个 S 参数中只有四个是独立的。只用求出这四个独立的参数，整个四端口网络的特性便可以得出，利用结构对称性可以大大简化问题的分析。实际上，除了结构对称性，微波网络分析中，还有另外一种对称性，即电气的对称性。比较典型的例子是微波无耗互易二端口网络。众所周知，在两个端口结构上没有对称性要求的前提下，微波无耗互易二端口网络的两个端口，具有端口反射系数大小相等的特性，因其相位不一定相等，本书称为准对称性。若不考虑损耗，滤波器则为典型准对称器件，输入/输出端口结构可以不同但是具有相同的回波损耗。使得在电路调试时，若一个端口反射大小调试成功，另一个端口自然满足要求。电气特性的对称是更高层次的对称。若可以利用，则在高性能多端口器件的设计中将会极大地降低结构复杂度。本章从研究环形电桥对称性、准对称性出发，探究将该准对称特性推广至更多端口网络并研究该准对称特性在设计多端口网络上的应用。

5.1　基于理想倒相器环形电桥的对称性

基于理想倒相器环形电桥优良特性可总结为如下四条：具有频率无关的理想隔离特性；四个端口反射系数相等；单频/双频/宽带结构统一特性；同相功分反相功分特性完美结合。下面分别进行说明。

5.1.1　频率无关的理想隔离特性

该特性如式（2-24c）所示。该频率无关隔离特性极大的简化了设计，可以将设计重点仅放在反射特性的设计上。尽管频率无关隔离特性是基于理想倒相器，而实际器件中的倒相器必然是窄带、双/多频抑或宽带的，看似不会满足该频率无关隔离特性。但是，正如第 3 章采样法所述，在倒相器的工作频率上，隔离必然是理想的，同样可以简化设计。需要注意的是，理想隔离本质上是由电路的结构具有一定的对称性和理想倒相器双重因素作用下获得的。在实际电路中，将理想倒相器替换为实际倒相器时，必须保证电路结构应有的特定对称性。

5.1.2　四个端口反射系数相等

如式（2-24a）所示，环形电桥四个端口的反射系数相等。另外，如图 2-5（a）所示，由无耗网络的幺正性，再考虑到对称性及理想隔离特性，有如下矩阵方程：

$$\begin{bmatrix} S_{11} & S_{12} & 0 & S_{14} \\ S_{12} & S_{11} & S_{23} & 0 \\ 0 & S_{23} & S_{11} & S_{34} \\ S_{14} & 0 & S_{34} & S_{11} \end{bmatrix} \begin{bmatrix} S_{11}^* & S_{12}^* & 0 & S_{14}^* \\ S_{12}^* & S_{11}^* & S_{23}^* & 0 \\ 0 & S_{23}^* & S_{11}^* & S_{34}^* \\ S_{14}^* & 0 & S_{34}^* & S_{11}^* \end{bmatrix} = \begin{bmatrix} 1 & 0 & 0 & 0 \\ 0 & 1 & 0 & 0 \\ 0 & 0 & 1 & 0 \\ 0 & 0 & 0 & 1 \end{bmatrix} \tag{5-1}$$

式（5-1）矩阵中第一行乘以第一列，有

$$\left| S_{11} \right|^2 + \left| S_{12} \right|^2 + \left| S_{14} \right|^2 = 1 \tag{5-2}$$

式（5-2）中代入端口理想匹配条件，即 $\left| S_{11} \right| = 0$，则

$$\left| S_{12} \right|^2 + \left| S_{14} \right|^2 = 1 \tag{5-3}$$

输入功率无反射，全部从两功分端口输出，功分比例由两个传输线特性阻抗或特性导纳之比确定。由式（2-24b）、式（2-24d）及式（5-3）可得

$$\left| S_{12} \right|^2 = \frac{1}{1 + \left(y_2 / y_1 \right)^2} \tag{5-4}$$

$$\left| S_{14} \right|^2 = \frac{\left(y_2 / y_1 \right)^2}{1 + \left(y_2 / y_1 \right)^2} \tag{5-5}$$

功分比为

$$\frac{\left| S_{14} \right|^2}{\left| S_{12} \right|^2} = \left(\frac{y_2}{y_1} \right)^2 = k^2 \tag{5-6}$$

因此，考虑到第一条频率无关隔离特性，在环形电桥设计中，只要将反射特性设计合理，传输特性自然满足。因此，基于环形电桥 16 个 S 参数的设计最终归结为一个 S 参数即任意一个端口反射特性的设计。如果该端口反射特性是双频的，则该环形电桥即为双频环形电桥；如果是宽带的，则整体为宽带的。可以在端口加一定宽带匹配支节或双/多频匹配网络。该特性极大地简化了设计。

5.1.3　单频/双频/宽带结构的统一特性

如第 2 章中心频点准最优设计理论所述，结构完全相同的基于理想倒相

器的环形电桥，仅需要通过改变环的特性阻抗值，就可以让其具有单频/双频/宽带的工作特性。尤其是具有的潜在的双频特性，与各种双频结构不同，单节的环形电桥就具有潜在的双频特性，并且在基波区内，双频比为1～3。结构简单，设计公式简单，并且设计公式具有通用性，适用于点频/双频/宽带设计。

5.1.4 同相功分与反相功分特性

环形电桥具有一个和端口、一个差端口和两个功分端口。从功分角度上讲，它将同相功分和反相功分完美结合。即既可以等效为同相功分器，又可以等效为反相功分器。两种功能通过同一个器件实现，仅需选择所需要端口，另一个端口接匹配负载即可。近年来，在射频（RF）和微波电路中，差分设计越来越普遍，不可避免地提出了反相功率分配或反相功率合成的需求。一般情况下，功分器的反相特性需要特别设计，而基于理想倒相器的环形电桥将同相功分和反相功分特性完美结合，无须专门设计。5.2节将证明，在实际上，基于理想倒相器的环形电桥与一分二的Gysel功分器是等价的。

基于理想倒相器的环形电桥具有的这些优良特性可大大简化设计。如果能通过适当的结构构造，将这些优良特性推广至多端口器件的设计中，也会大大简化多端口器件的设计。

5.2 基于理想倒相器环形电桥与一分二 Gysel 功分器的等价证明

为了将环形电桥的同相反相功分结合的对称电路结构做推广，本节研究它与一分二 Gysel 功分器本质上的联系。环形电桥与 Gysel 功分器的最大相似处是都必须要有 180°倒相器，传统结构中均用半波长传输线实现。在宽带结构中普遍都采用了宽带倒相器来展宽带宽。本节基于网络理论，探求基于理想倒相器的环形电桥与一分二 Gysel 功分器的本质联系。

如图 5-1（a）所示为基于理想倒相器的环形电桥，将其中端口 3 所接负载用等阻值电阻代替，原端口 4 的标号换为端口 3，成为如图 5-1（b）所示的三端口同相功分电路，其中理想倒相器与电阻 R 构成 L 形网络如图 5-1（d）所示。而图 5-1（c）为基于理想倒相器的一分二 Gysel 等功分电路，其中隔离电阻有确定的值 $2R = 2Z_0$。理想倒相器（PI）与两个电阻 $2R$ 构成的 π 形网络如图 5-1（e）所示。如果图 5-1（d）L 形网络与图 5-1（e）π 形网络等价，则图 5-1（a）的环形电桥就可以与图 5-1（c）所示的一分二 Gysel 功分器等价。

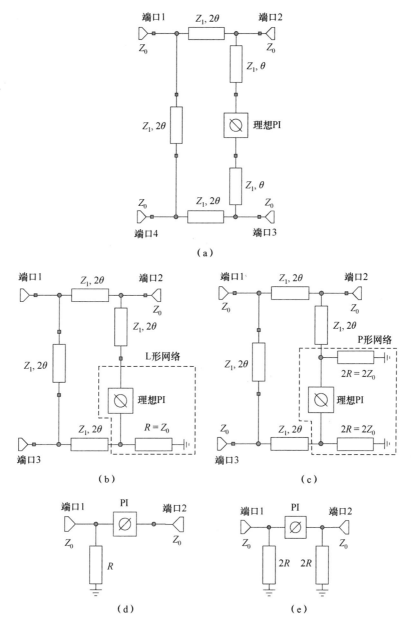

图 5-1　基于理想倒相器环形电桥与 Gysel 功分器的等价

（a）3dB 环形电桥；（b）环形电桥等效功分器；（c）Gysel 功分器；（d）理想倒相器、R 组成 L 形网络；（e）理想倒相器、2R 组成 π 形网络。

图 5-1（d）所示 L 形网络转移矩阵为

$$A_L = \begin{bmatrix} 1 & 0 \\ 1/R & 1 \end{bmatrix} \begin{bmatrix} -1 & 0 \\ 0 & -1 \end{bmatrix} \tag{5-7}$$

图 5-1（e）所示 π 形网络转移矩阵为

$$A_\pi = \begin{bmatrix} 1 & 0 \\ 1/2R & 1 \end{bmatrix} \begin{bmatrix} -1 & 0 \\ 0 & -1 \end{bmatrix} \begin{bmatrix} 1 & 0 \\ 1/2R & 1 \end{bmatrix}$$

$$= \begin{bmatrix} 1 & 0 \\ 1/2R & 1 \end{bmatrix} \begin{bmatrix} 1 & 0 \\ 1/2R & 1 \end{bmatrix} \begin{bmatrix} -1 & 0 \\ 0 & -1 \end{bmatrix} = \begin{bmatrix} 1 & 0 \\ 1/R & 1 \end{bmatrix} \begin{bmatrix} -1 & 0 \\ 0 & -1 \end{bmatrix} = A_L \tag{5-8}$$

式（5-8）表明，在本质上基于理想倒相器的等功率分配的 Gysel 功分器与环形电桥是完全等价的，只不过功分器中的隔离电阻在环形电桥中成为了端口，隔离电阻值为端口负载阻值的 2 倍。而基于半波长传输线倒相器的传统的 Gysel 功分器与传统的周长为 1.5 倍波长的环形电桥在中心频点上也是等价的。

同样地，基于理想倒相器的不等分 Gysel 功分器与基于理想倒相器的任意输出功率比的环形电桥也是等价的。如图 5-2 所示，图 5-2（c）中隔离电阻阻值也是确定的，与等分功分器相同，即 $2R = 2Z_0$。

因此，基于理想倒相器的一分二任意功分比功分器有两种结构：一种为只有一个隔离电阻的环形电桥式（图 5-2（b））；另一种为具有两个隔离电阻的 Gysel 式（图 5-2（c））。两种结构本质上是等价的，具有相同的电性能，并且都适用于大功率场合。两种结构中都存在由四段两种特性阻抗的 90° 传输线构成的环，四段传输线间隔排列构成对称结构。基于理想倒相器的一分二任意功分比功分器中心频点准最优法设计公式为式（2-31）和式（2-32），$2R = 2Z_0$。该设计方法简单，而且频响特性可以预知。

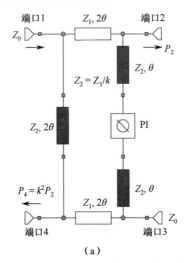

（a）

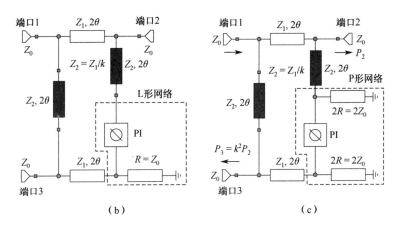

图 5-2　任意输出功率比的环形电桥与不等分 Gysel 功分器的等价不等分环形电桥
（a）等效为不等分功分器；（b）一个隔离电阻的环形电桥式；
（c）两个隔离电阻的 Gysel 式。

既然基于理想倒相器的 Gysel 功分器与基于理想倒相器的环形电桥本质上完全相同，则基于理想倒相器的 Gysel 功分器也具有 5.1 节所述优良特性。如对应上面的第二种，一分二功分器的输入/输出端口反射频响特性相同，具有优势，而传统的 Wilkinson 功分器输入/输出端口反射频响特性不同。相应地，基于理想倒相器的 Gysel 功分器也具有理想隔离特性、潜在双频特性等。既然可等效为一分二 Gysel 功分器并具有如此优良的特性，能否将这些优良特性推广至一分三甚至一分 N 功分器情形？5.3 节和 5.4 节将阐述这些问题。

5.3　准对称一分三功分器

本节研究将基于理想倒相器的环形电桥所具有的对称结构推广至一分三功分器的情形。考察结构推广拓展后，电气上是否也具有相似优良的特性。

5.3.1　新型一分三任意功分比功分器

1. 新型一分三任意功分比功分器结构

对于一分三任意功分比功分器，因为三路输出功率不相等，则三条功分线特性阻抗应不同。考虑图 5-2（b）和图 5-2（c）一分二不等分功分器的结构对称性，在对称性理论的启发下，对应地，提出了两种新型的一分三任意功分比功分器结构。如图 5-3（a）所示为单隔离电阻情形，对应的具有双隔离电阻情形如图 5-3（b）所示。与一分二功分器结构相比，一分三功分器由三个环构成，每个环由四段两种特性阻抗传输线间隔排列组成，相邻两个环有一公共段。若从四端口输入功率为 P_4，三个输出口功率之比为 $P_1 : P_2 : P_3 = 1 : k_1^2 : k_2^2$。对于图 5-3 所示的不对称电路，可用三端口的多模法分析：偶偶模（EE Mode）、奇偶模（OE Mode）、奇奇模（OO Mode）。由于图 5-3（a）与图 5-3（b）具有本质上的同一性，所以分析结构较为简单的图 5-3（a）。

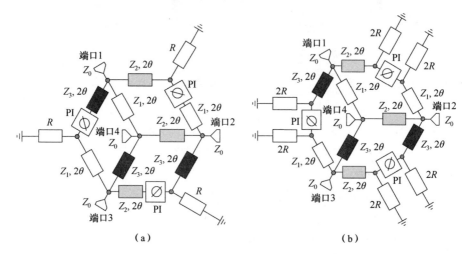

图 5-3　新型一分三任意功分比功分器结构

（a）单隔离电阻情形；（b）双隔离电阻情形。

2. 中心频点最优法分析

为简单起见，首先对拓展出的图 5-3 所示一分三功分器在中心频点处分析，即采用中心频点最优法分析。

首先是偶偶模分析。假设电路三个输出口间理想隔离，则当从端口 4 输入时，能量全部传给了端口 1、端口 2 和端口 3 三个端口，所有的隔离电阻短路，可有如图 5-4（a）所示偶偶模等效电路，在中心频点处，$\lambda / 4$ 短路线输入阻抗无穷大，可等效为如图 5-4（b）所示电路。

当从端口 4 输入时，由三个输出端口输出功率关系，有

$$\frac{P_1}{P_2} = \frac{|V_{1e}|^2 / Z_0}{|V_{2e}|^2 / Z_0} = \frac{1}{k_1^2} \tag{5-9a}$$

$$\frac{P_1}{P_3} = \frac{|V_{1e}|^2 / Z_0}{|V_{3e}|^2 / Z_0} = \frac{1}{k_2^2} \tag{5-9b}$$

由式（5-9），可得

$$|V_{2e}| = k_1 |V_{1e}| \qquad (5\text{-}10a)$$

$$|V_{3e}| = k_2 |V_{1e}| \qquad (5\text{-}10b)$$

在端口 4 节点处由图 5-4（b），可得

$$V_4 = \cos 2\theta V_{1e} + jZ_1 \sin 2\theta I_{1e} = j\frac{Z_1}{Z_0} V_{1e} \qquad (5\text{-}11a)$$

$$V_4 = \cos 2\theta V_{2e} + jZ_2 \sin 2\theta I_{2e} = j\frac{Z_2}{Z_0} V_{2e} \qquad (5\text{-}11b)$$

$$V_4 = \cos 2\theta V_{3e} + jZ_1 \sin 2\theta I_{3e} = j\frac{Z_3}{Z_0} V_{3e} \qquad (5\text{-}11c)$$

式（5-10）和式（5-11）联立得三条分支线特性阻抗关系为

$$Z_2 = \frac{Z_1}{k_1} \qquad (5\text{-}12a)$$

和

$$Z_3 = \frac{Z_1}{k_2} \qquad (5\text{-}12b)$$

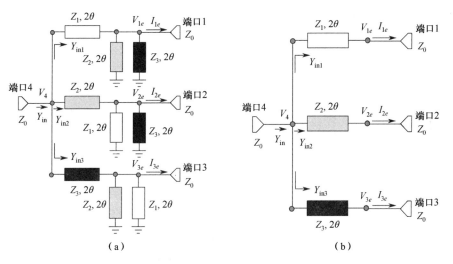

图 5-4　基于微波倒相器的一分三功分器偶偶模等效电路

（a）偶偶模等效电路；（b）偶偶模中心频点等效电路。

三条分支线对应的特性导纳 Y_1、Y_2、Y_3 之间关系为

$$Y_2 = k_1 Y_1 \qquad (5\text{-}13a)$$

$$Y_3 = k_2 Y_1 \qquad (5\text{-}13b)$$

则从端口4节点向三条分支线看过去的输入导纳分别为

$$
\begin{cases}
Y_{\mathrm{in}1} = Y_1^2 / Y_0 \\
Y_{\mathrm{in}2} = Y_2^2 / Y_0 \\
Y_{\mathrm{in}3} = Y_3^2 / Y_0
\end{cases}
\tag{5-14}
$$

端口4的输入导纳为

$$
Y_{\mathrm{in}} = \frac{Y_1^2 + Y_2^2 + Y_3^2}{Y_0} = (1 + k_1^2 + k_2^2)\frac{Y_1^2}{Y_0}
\tag{5-15}
$$

由此可以看出，要满足端口4的匹配条件，则

$$
Y_1 = \frac{Y_0}{\sqrt{1 + k_1^2 + k_2^2}}
\tag{5-16}
$$

联立式（5-12）和式（5-16），可得三条分支线特性阻抗表达式分别为

$$
Z_1 = \sqrt{1 + k_1^2 + k_2^2}\, Z_0
\tag{5-17a}
$$

$$
Z_2 = Z_1 / k_1 = \frac{\sqrt{1 + k_1^2 + k_2^2}}{k_1} Z_0
\tag{5-17b}
$$

$$
Z_3 = Z_1 / k_2 = \frac{\sqrt{1 + k_1^2 + k_2^2}}{k_2} Z_0
\tag{5-17c}
$$

上述偶偶模分析中假设三个输出口间理想隔离，下面推导理想隔离需要满足的条件。采用奇偶模分析。也即当端口1、2、3激励分别为 $2E_s$、$-2E_s / k_1$ 和 0 时，端口1、2、3模式电压分别为 E_s、$-E_s / k_1$ 和 0。由匹配及隔离条件，四端口模式电压为

$$
U_{4o} = S_{41}E_s + S_{42}(-E_s / k_1) + S_{43} \cdot 0 = 0
\tag{5-18}
$$

因此，有如图 5-5（a）所示奇偶模等效电路，在中心频点处，简化为如图 5-5（b）所示的电路，电路转移矩阵由图中所示 6 个转移矩阵的级联得到。

对图 5-5（b）所示二端口，有

$$
E_s = A(-E_s / k_1) + BI_{2o}
\tag{5-19a}
$$

$$
I_{1o} = C(-E_s / k_1) + DI_{2o}
\tag{5-19b}
$$

$$
I_{1o} = \frac{E_s}{Z_0}
\tag{5-19c}
$$

$$
I_{2o} = \frac{1}{k_1}\frac{E_s}{Z_0}
\tag{5-19d}
$$

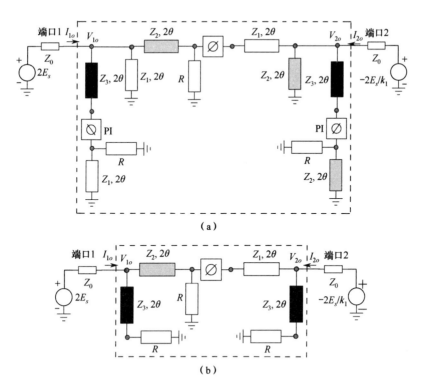

图 5-5　基于微波倒相器的一分三等功率分配器奇偶模等效电路

（a）奇偶模等效电路；（b）奇偶模中心频点等效电路。

倒相器级联电路转移矩阵为

$$
\begin{bmatrix} A & B \\ C & D \end{bmatrix} = \begin{bmatrix} 1 & 0 \\ R/Z_3^2 & 1 \end{bmatrix} \begin{bmatrix} 0 & jZ_2 \\ j/Z_2 & 0 \end{bmatrix} \begin{bmatrix} 1 & 0 \\ 1/R & 1 \end{bmatrix} \begin{bmatrix} -1 & 0 \\ 0 & -1 \end{bmatrix} \begin{bmatrix} 0 & jZ_1 \\ j/Z_1 & 0 \end{bmatrix} \begin{bmatrix} 1 & 0 \\ R/Z_3^2 & 1 \end{bmatrix}
$$

$$
= \begin{bmatrix} Z_2/Z_1 + Z_1 Z_2/Z_3^2 & Z_1 Z_2/R \\ RZ_2/Z_3^2 + RZ_1(1/Z_2 + Z_2/Z_3^2)/Z_3^2 & Z_1(1/Z_2 + Z_2/Z_3^2) \end{bmatrix}
$$

$$
= \begin{bmatrix} \dfrac{1+k_2^2}{k_1} & \dfrac{Z_1^2}{Rk_1} \\ \dfrac{R}{Z_1^2}\left(\dfrac{k_2^2}{k_1} + \dfrac{k_1^2 k_2^2 + k_2^4}{k_1} \right) & \dfrac{k_1^2 + k_2^2}{k_1} \end{bmatrix}
$$

$$\tag{5-20}$$

将式（5-20）代入式（5-19），可得隔离电阻为

$$R = Z_0 \tag{5-21}$$

由此可见，隔离电阻阻值仅与端口阻抗值有关，与功分比没有关系，则极

大的简化了设计。而传统威尔金森不等分功分器设计中，隔离电阻与功分比有关[69]，而文献[46]提出的 Gysel 功分器中隔离电阻的阻值不唯一。

3. 中心频点准最优法分析

在图 5-4（a）偶偶模等效电路中，假设端口 1 至端口 3 接匹配负载，端口 4 输入导纳为

$$Y_{in} = \frac{(1+k_1+k_2)Y_1Y_0 \cot 2\theta + j(1+k_1^2+k_2^2)Y_1^2 - j2(k_1+k_2+k_1k_2)Y_1^2 \cot^2 2\theta}{(1+k_1+k_2)Y_1 \cot 2\theta + jY_0} \quad (5\text{-}22)$$

在中心频点，$2\theta = 90°$，即

$$Y_{in} = (1+k_1^2+k_2^2)\frac{Y_1^2}{Y_0} \quad (5\text{-}23)$$

与一分二功分器类似，当中心频点有小反射假设反射系数模值为 $|\Gamma_M|$（对应电压驻波比 ρ_M）时，也可得到宽带响应。此时，对应输入导纳为

$$Y_{in} = (1+k_1^2+k_2^2)\frac{Y_1^2}{Y_0} = Y_0\rho_M \quad (5\text{-}24)$$

由式（5-24），可得

$$Y_1 = \frac{Y_0}{\sqrt{1+k_1^2+k_2^2}}\sqrt{\rho_M} \quad (5\text{-}25)$$

因此，三条分支线特性阻抗表达式分别为

$$Z_1 = \frac{\sqrt{1+k_1^2+k_2^2}}{\sqrt{\rho_M}}Z_0 \quad (5\text{-}26a)$$

$$Z_2 = Z_1/k_1 = \frac{\sqrt{1+k_1^2+k_2^2}}{k_1\sqrt{\rho_M}}Z_0 \quad (5\text{-}26b)$$

$$Z_3 = Z_1/k_2 = \frac{\sqrt{1+k_1^2+k_2^2}}{k_2\sqrt{\rho_M}}Z_0 \quad (5\text{-}26c)$$

4. 设计举例

例 5-1 设计功分比为 1：1：1 等功分比一分三功分器。

当功分比为 1：1：1 即 $k_1^2 = k_2^2 = 1$ 时，由式（5-26）可得，$Z_1 = Z_2 = Z_3 = \sqrt{3/\rho_M}Z_0 = 86.6/\sqrt{\rho_M}\,\Omega$。由此可以看出，采取中心频点准最优法设计，除了可获得较宽的带宽外，还可降低特性阻抗值，便于工程实现。当采用微带线等传输线实现时，在带宽展宽的同时还可提高器件的工程可实现性。图 5-6 分别给出了 1：1：1 一分三功分器带内电压驻波比小于 1.5 时两种设计法的频率响

应曲线。由此可见看出，当等功分比输出时，中心频点准最优法带宽展宽 12%，回波损耗优于 13.8dB 的相对带宽达到 69%。

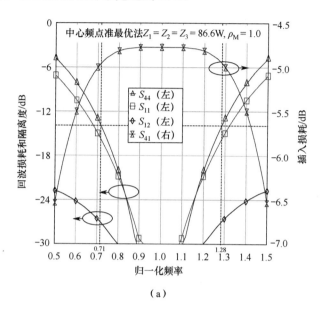

（a）

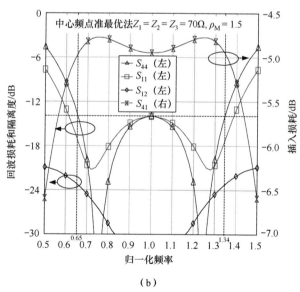

（b）

图 5-6　两种一分三功分器不同设计法比较

（a）1:1:1 传统方法；（b）1:1:1 中心频点准最优法。

例 5-2 设计功分比为 $1:1:4$ 的一分三功分器。

当功分比为 $1:1:4$ 时，由式（6-26）可知，$Z_1 = Z_2 = \sqrt{6/\rho_M}Z_0 = 122.5/\sqrt{\rho_M}\,\Omega$，$Z_3 = \sqrt{6/\rho_M}/2Z_0 = 61.3/\sqrt{\rho_M}\,\Omega$。由此可以看出，当功分比比较大时，会出现比较高的特性阻抗值。而采取中心频点准最优法设计，除了可获得较宽的带宽外，还可降低特性阻抗值，便于工程实现。当采用微带线等传输线实现时，在带宽展宽的同时还可提高器件的工程可实现性。图 5-7 给出了 $1:1:4$ 一分三功分器当带内电压驻波比小于 1.5 时两种设计法的频率响应曲线。由此可以看出，中心频点准最优法带宽展宽了 13.4%，回波损耗优于 13.8dB 的相对带宽达到 74.9%。

5. 反相一分三功分器结构

考虑到该反相一分二功分器的结构特点，同样地，将其推广至反相一分三功分器，得到如图 5-8 所示结构。图 5-8 中，每个环的四段对称性保持不变，倒相器接在端口 1 对应分支线上，整个功分器只用两个倒相器就可以保证三个输出端口间两两隔离。在保证每个环只有一个倒相器前提下，倒相器可以在环上任何位置"游移"而不影响整体工作性质（除了反相外），因为理想倒相器转移矩阵为负的单位矩阵，不会影响反射特性仅使信号反相。因此，同相一分三功分器设计公式依然适用。

例 5-3 设计功分比为 $1:1:1$ 的反相一分三功分器。

当功分比为 $1:1:1$ 时，采取中心频点准最优法设计，取 $\rho_M = 1$，由式（5-26），$Z_1 = Z_2 = Z_3 = \sqrt{3/\rho_M}Z_0 = 86.6/\sqrt{\rho_M} = 70.7\Omega$。端口 4 为输入端口，

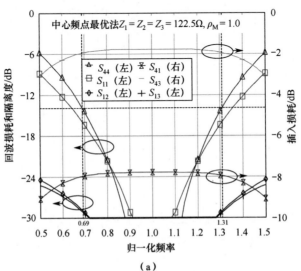

（a）

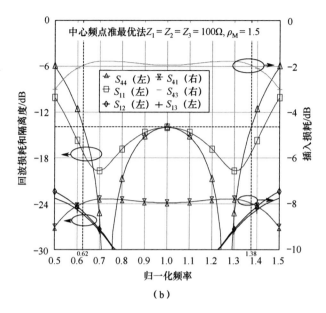

图 5-7 两种一分三功分器不同设计方法比较

（a）1∶1∶4 传统方法；（b）1∶1∶4 中心频点准最优法。

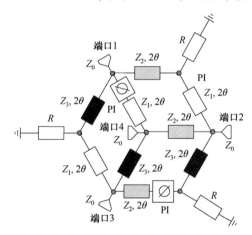

图 5-8 反相一分三功分器

端口 1～端口 3 为输出端口，其中，端口 1 为反相输出端口，等效电路结构如图 5-9（a）所示。为了获得实际 50Ω 的隔离电阻，图中端口 2 和端口 3 间的隔离电阻选为两个 100Ω 电阻在倒相器 PI 2 两侧并联的方式实现。从输入端口 4 到输出端口 1 的分支线上插入倒相器 PI 1 实现端口 1 输出信号相位的反向，同时保证端口 1 和端口 2 以及端口 1 和端口 3 之间的隔离。输入端口 4 为同轴底馈方式，三个输出端口均为微带线侧馈方式输出。

实际电路结构如图 5-9（b）所示。整体电路为圆环形，所有的传输线均为 $\lambda/4$，因此环的周长为 $6\lambda g/4$，则半径为 $3/\pi\times\lambda g/4$（$<\lambda g/4$），半径比 $\lambda/4$ 略小。为了满足从输入端口 4 到三个功分端口分支线长为 $\lambda/4$ 的条件，在三个分支线上加入了 T 形慢波线以满足该条件。理想倒相器用 6.3 节提出的基于微带和槽线的宽带倒相器实现。

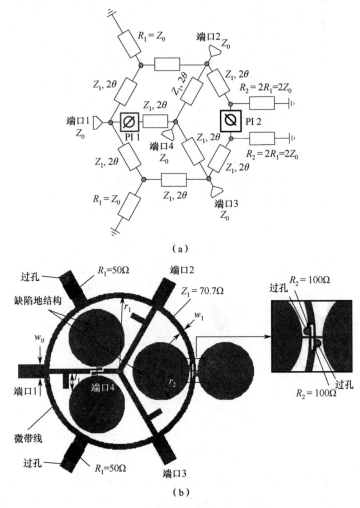

（a）

（b）

图 5-9　反相一分三功率分配器

（a）等效电路；（b）电路结构。

选取介质板相对介电常数 $\varepsilon_r=2.2$，介质板厚度 $h=0.8\text{mm}$。对应 70.7Ω 的环

微带线宽度 w_1=1.06mm，所有传输线的长度为 4GHz 处的 $\lambda/4$。具体参数如表 5-1 所列。实物图如图 5-10 所示。S 参数频率响应仿真与测试结果分别如图 5-11 和图 5-12 所示。仿真软件为 Ansoft HFSS。测试结果和仿真结果吻合很好。

表 5-1　例 5-3 反相一分三功分器参数

参数	f_0	ρ_M	Z_1	ε_r	h	w_1
值	4GHz	1.5	70.7Ω	2.2	0.8mm	1.06mm
参数	r_2	l_1	R_1	R_2	w_0	r_1
值	5.5mm	2.75mm	50Ω	100Ω	2.46mm	14.16mm

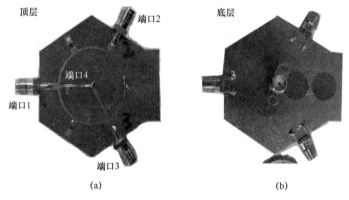

图 5-10　反相一分三功率分配器实物

（a）正面；（b）反面。

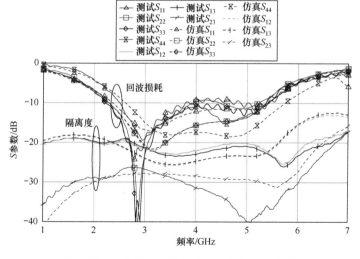

图 5-11　回波损耗和隔离度的仿真与测试结果

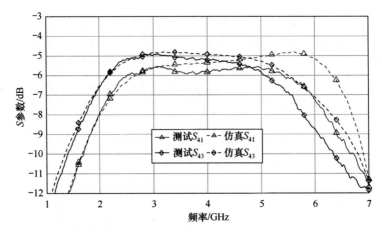

图 5-12　插入损耗的仿真与测试结果

图 5-13 所示为功分器幅度和相位平衡测试结果。从图中可看出，在 2.5～5.37GHz 的频带范围内，测试回波损耗大于 9dB，而隔离度大于 19dB，插入损耗小于 0.6dB。图 5-13 所示的功分器幅度和相位平衡测试结果表明，在相同的频带范围内，输出端口幅度不平衡性小于 0.9dB，相位不平衡性（Ang（S_{41}）–Ang（S_{43}））为 180±6°。因此，在很宽的频带范围内，都满足反相的特性。幅度不平衡性主要是由于倒相器的插入损耗引起的，该一分三功分器相对带宽达 73.4%。

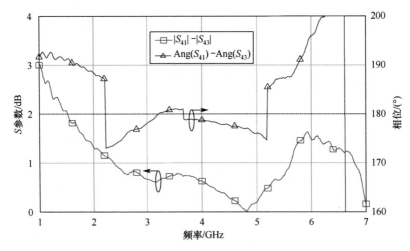

图 5-13　功分器幅度和相位平衡测试结果

6. 设计总结

前面得出了一分三功分器结构及中心频点最优的传统方法和中心频点准

最优法两种方法的设计结果。将一分三功分器结果与 5.1 节总结的一分二功分器特性对比法发现，基于理想倒相器的一分二功分器具有的四条优良特性在图 5-3 所示一分三结构中仅保留了第四条，即保持了同相和反相结构及设计的统一性。而无论是图 5-6 的等功比频率响应还是图 5-7 所示不等功分比频率响应，输入端口和输出端口的反射特性频响曲线不重合；尽管采用了理想的倒相器，两种情形下都不是频率无关隔离，仅在中心频点达到了理想的特性。而且功分输出端口的反射特性在频域内也没有出现与输入端口在同一个频点处出现相同的匹配点，不满足 5.2 节的第一条。因此，仅仅从结构对称上拓展提出的如图 5-3 所示一分三功分器不具有如同图 2-5 所示基于理想倒相器环形电桥的电气对称特性，因此还需要进一步的改进。

5.3.2　电气对称的新型一分三等功分比功分器

本节研究新型一分三等功分比功分器，输入端口和输出端口具有不同的端口阻抗值，但是两种端口的反射系数大小相等。虽然结构不对称，但是具有准对称性。

图 5-14 所示为拓展的基于理想倒相器的一分三 Gysel 功分器，为了获得功分端口间的隔离，包括了三个理想倒相器。还包括了长度均为 θ 但特性阻抗分别为 Z_1 和 Z_2 的阻抗变换段，其数目分别为 3 和 6。共有三个隔离电阻 R。另外，输入端口（端口 1）阻抗和所有三个输出端口（端口 2~端口 4）阻抗不同，分别为 Z_{0a} 和 Z_{0b}。所有的输出端口都是对称的。下面具体分析图 5-14 电路结构要实现准对称特性需要满足的条件。

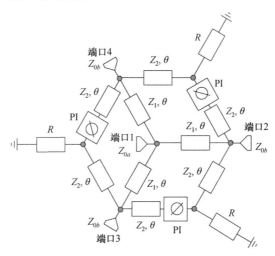

图 5-14　基于理想倒相器的一分三功分器

1. 等效为四端口微波网络

为了便于用微波网络理论分析，将图 5-14 所示四端口的电路等效为四端口的无耗网络[70]，如图 5-15 所示。终端负载为 Z_{0b} 的端口 3 和端口 4 并联，因此，在并联后，其相应支路特性阻抗均乘以 1/2 的系数，端口阻抗也乘以 1/2，标为图 5-15 中的端口 3，端口阻抗为 $Z_{0b}/2$。所有的两个隔离电阻也是并联的，用图 5-15 中的端口 4 等效，而且端口阻抗为 R/2。同样，图 5-14 中从功分器输入端口 1 到 2 个功分口（从端口 3 至端口 4）的特性阻抗为 Z_1 的两条线并联后，特性阻抗乘以 1/2。

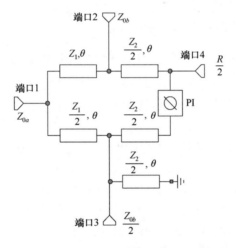

图 5-15　一分三功分器等效为四端口网络

相应地，图 5-14 中特性阻抗为 Z_2 的并联线也等效为图 5-15 中特性阻抗为 $Z_2/2$ 的线。而图 5-15 中特性阻抗为 $Z_2/2$ 的短路线是从图 5-14 中连接倒相器和隔离电阻的特性阻抗为 Z_2 的传输线并联等效而来。由于各功分输出端对称，从输入端口输入的信号等幅同相到达各倒相器处倒相后，等幅反相，形成电压波节点，因此形成各短路线。最终的四端口等效电路如图 5-15 所示。

考虑到图 5-14 电路中所有输出端口结构的对称性，图 5-15 中端口 2 和端口 3 的反射系数也应该是相等的，即

$$S_{22} = S_{33} \tag{5-27}$$

如图 5-14 所示，当图中输入端口 1 激励时，所有的输入功率都从各输出端口（从端口 2 至端口 4）输出，由输出端口的对称性和倒相器的作用，所有的隔离电阻都将短路到地，不消耗能量。因此，图 5-15 中，由结构的对称性和理想倒相器双重因素，图 5-15 中，端口 1 和端口 4 间将理想隔离，即

$$S_{14} = 0 \tag{5-28}$$

图 5-15 所示等效四端口网络的反射及隔离特性可以用经典的微波网络理论来分析。

2. 理想隔离条件的推导

将图 5-15 中的端口 1 和端口 4 分别用终端负载 Z_{0a} 和 $R/2$ 代替，可得到用于计算图 5-15 中隔离传输参数 S_{23} 的二端口等效电路，如图 5-16 所示。其中，网络 3 可看作是网络 1 和网络 2 的并联。

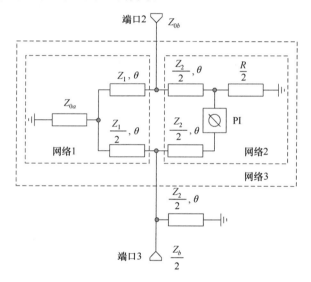

图 5-16　隔离度计算等效二端口网络

网络 3 的导纳矩阵为

$$\boldsymbol{Y}_3 = \begin{bmatrix} Y_{11} & Y_{12} \\ Y_{21} & Y_{22} \end{bmatrix} \tag{5-29}$$

它可由网络 1 和网络 2 的矩阵 $\boldsymbol{Y}$ 并联得出。

图 5-16 的传输矩阵可表示为

$$
\boldsymbol{A}_1 = \begin{bmatrix} A_1 & B_1 \\ C_1 & D_1 \end{bmatrix} = \begin{bmatrix} \cos\theta & \dfrac{\mathrm{j}\sin\theta}{Y_1} \\ \mathrm{j}Y_1\sin\theta & \cos\theta \end{bmatrix} \begin{bmatrix} 1 & 0 \\ Y_{0a} & 1 \end{bmatrix} \begin{bmatrix} \cos\theta & \dfrac{\mathrm{j}\sin\theta}{2Y_1} \\ \mathrm{j}2Y_1\sin\theta & \cos\theta \end{bmatrix}
$$

$$
= \begin{bmatrix} \cos^2\theta - 2\sin\theta + \mathrm{j}\sin\theta\cos\theta\dfrac{Y_{0a}}{Y_1} & \dfrac{-Y_{0a}\sin^2\theta + \mathrm{j}3Y_1\sin\theta\cos\theta}{2Y_1^2} \\ Y_{0a}\cos^2\theta + \mathrm{j}Y_1\sin\theta\cos\theta + \mathrm{j}2Y_1\cos\theta & \cos^2\theta - \dfrac{\sin^2\theta}{2} + \mathrm{j}\sin\theta\cos\theta\dfrac{Y_{0a}}{Y_1} \end{bmatrix} \tag{5-30}
$$

式中：$Y = 1/R$；$Y_{0a} = 1/Z_{0a}$；$Y_1 = 1/Z_1$。

由式（5-30），可得

$$B_1 = \frac{-Y_{0a}\sin^2\theta + j3Y_1\sin\theta\cos\theta}{2Y_1^2} \tag{5-31}$$

网络 1 对应的导纳矩阵 $\boldsymbol{Y}_1$ 可由转移矩阵 $\boldsymbol{A}_1$ 转换得出。

图 5-16 中网络 2 的传输矩阵可用下式计算：

$$
\boldsymbol{A}_2 = \begin{bmatrix} A_2 & B_2 \\ C_2 & D_2 \end{bmatrix} = \begin{bmatrix} \cos\theta & \dfrac{j\sin\theta}{2Y_2} \\ j2Y_2\sin\theta & \cos\theta \end{bmatrix} \begin{bmatrix} 1 & 0 \\ Y & 1 \end{bmatrix} \begin{bmatrix} -1 & 0 \\ 0 & -1 \end{bmatrix} \begin{bmatrix} \cos\theta & \dfrac{j\sin\theta}{2Y_2} \\ j2Y_2\sin\theta & \cos\theta \end{bmatrix}
$$
$$
= \begin{bmatrix} -\cos 2\theta - \dfrac{jY\sin 2\theta}{2Y_2} & \dfrac{Y\sin^2\theta - jY_2\sin 2\theta}{2Y_2^2} \\ -2Y\cos^2\theta - j2Y_2\sin 2\theta & -\cos 2\theta - Y\sin 2\theta \end{bmatrix} \tag{5-32}
$$

式中：$Y_{0b} = 1/Z_{0b}$；$Y_2 = 1/Z_2$。

由式（5-32），可得

$$B_2 = \frac{Y\sin^2\theta - jY_2\sin 2\theta}{2Y_2^2} \tag{5-33}$$

网络 2 对应的导纳矩阵 $\boldsymbol{Y}_2$ 可由转移矩阵 $\boldsymbol{A}_2$ 转换得出。

假设图 5-16 中网络 3 的导纳矩阵可写为

$$\boldsymbol{Y}_3 = \begin{bmatrix} Y_{11} & Y_{12} \\ Y_{21} & Y_{22} \end{bmatrix} = \boldsymbol{Y}_1 + \boldsymbol{Y}_2 \tag{5-34}$$

图 5-15 中端口 2 和端口 3 若要得到理想隔离（$S_{23}=0$），则对应图 5-16 中网络 3，有

$$Y_{12} = 0 \tag{5-35}$$

由导纳矩阵和传输矩阵之间的关系，Y_{12} 由下式计算：

$$Y_{12} = -\frac{\det \boldsymbol{A}_1}{B_1} - \frac{\det \boldsymbol{A}_2}{B_2} \tag{5-36}$$

再加上网络 1 和网络 2 均为互易网络，有

$$\det \boldsymbol{A}_1 + \det \boldsymbol{A}_2 = 1 \tag{5-37}$$

将式（5-30）和式（5-32）代入式（5-37），可得

$$B_1 + B_2 = \frac{(Y_1^2 Y - Y_2^2 Y_{0a})\sin^2\theta}{2Y_1^2 Y_2^2} + \frac{j3Y_2\sin 2\theta - j2Y_1\sin 2\theta}{4Y_1 Y_2} = 0 \tag{5-38}$$

由（5-38）可得图 5-16 中端口 2 和端口 3 间理想隔离条件为

$$Y = \frac{4}{9} Y_{0a} \tag{5-39}$$

$$Y_2 = \frac{2}{3} Y_1 \tag{5-40}$$

将式（5-39）和式（5-40）写成阻抗的形式为

$$R = \frac{9}{4} Z_{0a} \tag{5-41}$$

$$Z_2 = \frac{3}{2} Z_1 \tag{5-42}$$

式（5-41）和式（5-42）两式与频率无关，因此其即为图 5-15 输出端口间可获得频率无关隔离（$S_{23}=0$）的必要条件。隔离电阻 R 的值仅与输入端口阻抗 Z_{0a} 有关。而各个环线段的特性阻抗值必须满足式（5-42）。

以上得出了理想隔离的条件。下面考察输入端口和各输出端口反射特性准对称的条件。

3. 准对称特性

当满足理想隔离条件后，考虑到各输出端口的结构对称性，图 5-14 所示电路可等效为如图 5-17（a）所示的二端口网络，图 5-14 中从端口 2 至端口 4 的所有的输出端口都并联到一起等效为图 5-17 中端口 2。因此，对于输出端口反射特性来说，图 5-14 和图 5-17 两种情形下将得出相同的结论。

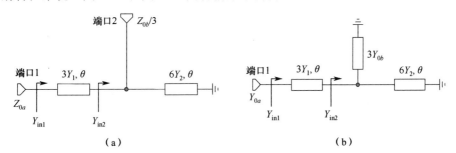

图 5-17　一分三功分器等效电路

（a）等效为二端口网络；（b）计算输入导纳的等效电路。

令 $S_{11} = |S_{11}| e^{j\varphi_{11}}$，$S_{12} = |S_{12}| e^{j\varphi_{12}}$，$S_{22} = |S_{22}| e^{j\varphi_{22}}$，因为图 5-17 网络为无耗网络，有

$$|S_{11}| = |S_{22}| \tag{5-43}$$

和

$$\varphi_{11} = \pi + 2\varphi_{12} - \varphi_{22} \tag{5-44}$$

式（5-43）表明，尽管图 5-17（a）中端口 1 和端口 2 结构不相同，但是端口 2 反射系数大小$|S_{22}|$与端口 1 反射系数大小$|S_{11}|$自动相等。因而两个反射系数相位不相等，则反射系数大小相等（$|S_{11}|=|S_{22}|$）的特性称为准对称特性。

至此，关于图 5-14 中所示一分三功分器，有如下结论：如果各个输出端口间满足理想隔离条件（$R=3^2Z_{0a}/4$，$Z_2=3Z_1/2$），则具有不同端口阻抗的输入端口和各个输出端口具有相同的反射系数大小。该准对称性可写为

$$|S_{11}| = |S_{ii}|, i = 2,3,4 \tag{5-45}$$

4. 计算 Y_{in1} 和$|S_{11}|$

将图 5-17 中的端口 2 用终端阻抗 $Z_{0b}/3$ 代替，计算输入端口输入导纳 Y_{in1} 和反射系数 S_{11} 的等效电路会非常简单。

由图 5-17（b）可知输入导纳 Y_{in2} 和 Y_{in1} 分别为

$$Y_{in2}(\theta) = 3Y_{0b} - j6Y_2 \cot\theta = 3Y_{0b} - j4Y_1 \cot\theta \tag{5-46}$$

$$Y_{in1}(\theta) = 3Y_1 \frac{Y_{in2} + j3Y_1 \tan\theta}{3Y_1 + jY_{in2}\tan\theta} = 3Y_1 \frac{3Y_{0b} - j4Y_1 \cot\theta + j3Y_1 \tan\theta}{7Y_1 + j3Y_{0b}\tan\theta} \tag{5-47}$$

在中心频点点，有 $\theta = 90°$，再考虑到匹配条件 $Y_{in1} = Y_{0a}$，将其代入式（5-47），可得

$$Y_{in1}(90°) = \frac{3Y_1^2}{Y_{0b}} = Y_{0a} \tag{5-48}$$

因此，有中心频点匹配条件：

$$Y_1 = \frac{\sqrt{Y_{0a}Y_{0b}}}{\sqrt{3}} \tag{5-49}$$

式（5-49）写成阻抗形式为

$$Z_1 = \sqrt{3}\sqrt{Z_{0a}Z_{0b}} \tag{5-50}$$

端口 1 的反射系数可由下式计算，即

$$S_{11} = \frac{Y_{0a} - Y_{in1}(\theta)}{Y_{0a} + Y_{in1}(\theta)} \tag{5-51}$$

5. 设计公式总结

综合考虑到理想隔离条件和中心频点理想匹配条件，一分三功分器设计公式如下：

$$Z_1 = \sqrt{3}\sqrt{Z_{0a}Z_{0b}} \tag{5-52a}$$

$$Z_2 = \frac{3}{2}Z_1 \tag{5-52b}$$

$$R = \frac{9}{4} Z_{0a} \qquad (5\text{-}52c)$$

式（5-52）表明，理想隔离特性由隔离电阻与输入端口阻抗关系及分支线阻抗关系确定；隔离电阻的值仅与输入端口的阻抗 Z_{0a} 有关，而与输出端口的阻抗 Z_{0b} 无关；中心频点匹配与分支线和输入输出端口特性阻抗有关。

例 5-4　设计端口阻抗均为 $50\,\Omega$ 的等功分比准对称一分三功分器。

一分三功分器等效电路结构如图 5-14 所示。式（5-52）中，$Z_{0a} = Z_{0b} = 50\Omega$，则有 $Z_1 = 86.6\,\Omega$、$Z_2 = 129.9\,\Omega$、$2R = 225\,\Omega$。端口 1 为输入端口，端口 2～端口 4 为输出端口。等效电路仿真结果如图 5-18 所示。等效电路仿真结果表明，功分器具有理想频率无关隔离特性，具有输入端口与输出端口反射系数模值相等的准对称特性。采用微带线结构实现，一分三功分器结构如图 5-19 所示。输入阻抗采用底馈的方式。理想倒相器用 6.3 节提出的基于微带和槽线的宽带倒相器实现。选取介质板相对介电常数 $\varepsilon_r = 2.2$，介质板厚度 $h=0.8\mathrm{mm}$。工作频率 4GHz。具体参数如表 5-2 所列。一分三功分器实物图如图 5-20 所示。采用 Ansoft HFSS 软件仿真。测试采用 Agilent N8510 矢量网络分析仪，测量频带范围 1～7GHz。S 参数频率响应仿真结果和测试结果如图 5-21 所示。测试结果和仿真结果吻合很好。

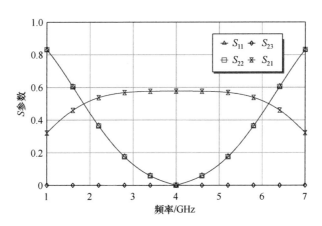

图 5-18　准对称一分三功分器等效电路仿真结果

表 5-2　例 5-4 准对称一分三功分器参数

参数	f_0	Z_1	Z_2	ε_r	h	w_0	w_s	w_1	w_2	l_1	r_1	r_2
值	4GHz	86.6Ω	129.9Ω	2.2	0.8mm	2.46mm	0.2mm	0.97mm	0.37mm	2mm	14.8mm	5mm

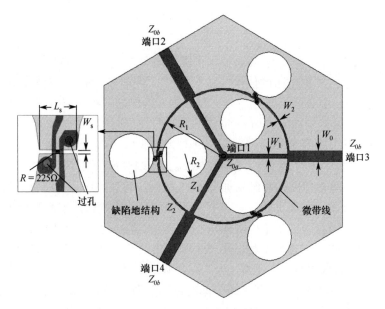

图 5-19　准对称一分三功分器 Z_{0a}=50Ω，Z_{0b}=50Ω

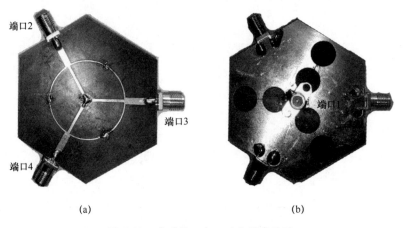

(a)　　　　　　　　　　　　(b)

图 5-20　准对称一分三功分器实物图

（a）正面；（b）反面。

　　图 5-21 测试结果表明，端口 1 回波损耗大于 10dB 的频带范围为 2.09～4.91GHz，端口 2 回波损耗大于 10dB 的频带范围为 2.29～4.74GHz。而在 1～7GHz 的整个测量频带范围内，隔离度大于 24.4dB。在中心频点的插入损耗测试结果为 5.13dB（理论值为 4.77dB）。输入端口和输出端口回波损耗频响曲线差别不大，体现了准对称性。其间差别是由于微带/槽线倒相器的不理想性引起

的。从总体上看，仿真结果和测试结果吻合很好。

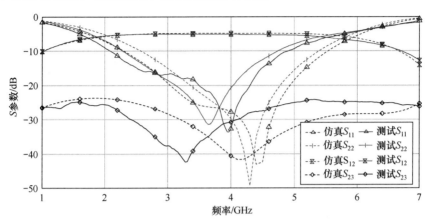

图 5-21　准对称一分三功分器仿真及测试结果

例 5-4 结果证明，图 5-14 所示结构及根据式（5-52）设计的一分三功分器具有端口反射系数大小相等的准对称性；具有频率无关的隔离特性（由实际倒相器工作频带决定）；也可以实现如同图 5-8 所示的反相结构，并且设计公式仍然用式（5-52）。然而，该结构及设计公式得出的结果仅在中心频点理想匹配，即不具备基于理想倒相器的环形电桥所具有的第三条特性，即单节不具备双频特性，当然也就不能将窄带/宽带/双频的设计统一起来。为此，5.3.3 节将继续讨论，构造能够同时实现窄带/宽带/双频特性的一分三功分器结构，并得出设计公式。

5.3.3　窄带/宽带/双频单节一分三等功分比功分器

由式（5-51）和式（5-47），可得

$$S_{11} = \frac{Y_{0a} - Y_{\text{in1}}(\theta)}{Y_{0a} + Y_{\text{in1}}(\theta)} = \frac{Y_{0a} - 3Y_1 \dfrac{3Y_{0b} - \text{j}4Y_1 \cot\theta + \text{j}3Y_1 \tan\theta}{7Y_1 + \text{j}3Y_{0b} \tan\theta}}{Y_{0a} + 3Y_1 \dfrac{3Y_{0b} - \text{j}4Y_1 \cot\theta + \text{j}3Y_1 \tan\theta}{7Y_1 + \text{j}3Y_{0b} \tan\theta}}$$

$$= \frac{\left(\dfrac{7}{3}Y_{0a} - 3Y_{0b}\right)\cot\theta + \text{j}4Y_1 \cot^2\theta + \text{j}\dfrac{Y_{0a}Y_{0b}}{Y_1} - \text{j}3Y_1}{\left(\dfrac{7}{3}Y_{0a} + 3Y_{0b}\right)\cot\theta - \text{j}4Y_1 \cot^2\theta + \text{j}\dfrac{Y_{0a}Y_{0b}}{Y_1} + \text{j}3Y_1} = \frac{b}{a} \tag{5-53}$$

其中

$$a = \left(\frac{7}{3}Y_{0a} + 3Y_{0b}\right)\cot\theta - j4Y_1\cot^2\theta + j\frac{Y_{0a}Y_{0b}}{Y_1} + j3Y_1$$

$$b = \left(\frac{7}{3}Y_{0a} - 3Y_{0b}\right)\cot\theta + j4Y_1\cot^2\theta + j\frac{Y_{0a}Y_{0b}}{Y_1} - j3Y_1 \tag{5-54}$$

为了匹配，需 $|S_{11}| = 0$，得出匹配条件为

$$b = \left(\frac{7}{3}Y_{0a} - 3Y_{0b}\right)\cot\theta + j4Y_1\cot^2\theta + j\frac{Y_{0a}Y_{0b}}{Y_1} - j3Y_1 = 0 \tag{5-55}$$

实部和虚部分别等于 0，即

$$\frac{7}{3}Y_{0a} - 3Y_{0b} = 0 \tag{5-56}$$

$$4Y_1\cot^2\theta + \frac{Y_{0a}Y_{0b}}{Y_1} - 3Y_1 = 0 \tag{5-57}$$

由式（5-57），可得

$$\cot^2\theta = \frac{3Y_1^2 - Y_{0a}Y_{0b}}{4Y_1^2} \tag{5-58}$$

由式（5-58）可以看出，当 $Y_1 = \dfrac{\sqrt{Y_{0a}Y_{0b}}}{\sqrt{3}}$ 时，有

$$\cot^2\theta = \frac{3Y_1^2 - Y_{0a}Y_{0b}}{4Y_1^2} = 0 \tag{5-59}$$

从而有 $\theta_0 = \dfrac{(2n-1)}{2}\pi$ $(n = 1,2,3,\cdots)$，并且 b 的实部也为零，因此工作频点只有中心频点及所有奇次频点，为窄带工作状态。

再由式（5-56）实部为零，可得

$$Y_{0b} = \frac{7}{9}Y_{0a} \tag{5-60}$$

而式（5-58）中，当 $Y_1 > \dfrac{\sqrt{Y_{0a}Y_{0b}}}{\sqrt{3}}$ 时，$\cot^2\theta = \dfrac{3Y_1^2 - Y_{0a}Y_{0b}}{4Y_1^2}$ 将有两个解，分别对应着两个工作频率，即

$$\theta_1 = \operatorname{arccot}\frac{\sqrt{3Y_1^2 - Y_{0a}Y_{0b}}}{2Y_1} \tag{5-61}$$

和

$$\theta_2 = \pi - \operatorname{arccot}\frac{\sqrt{3Y_1^2 - Y_{0a}Y_{0b}}}{2Y_1} \tag{5-62}$$

因 $\cot^2\theta \neq 0$，因此为了匹配，而且 b 的实部也必须为零，因此式（5-60）条件必须满足。式（5-60）写为阻抗形式，有

$$Z_{0b} = \frac{9}{7} Z_{0a} \tag{5-63}$$

因此，要使单节一分三功分器也具备潜在双频特性，输入端口和输出端口的阻抗值不能相等，而且必须满足式（5-63）的关系。这点与环形电桥不同，环形电桥设计中，四个端口的特性阻抗都相等。

由式（5-53）可知，中心频点处有 $\cot\theta = 0$，则中心频点的反射系数为

$$S_{11}\big|_{\theta=90^\circ} = \frac{Y_{0a}Y_{0b} - 3Y_1^2}{Y_{0a}Y_{0b} + 3Y_1^2} \tag{5-64}$$

因为，$Y_1 > \dfrac{\sqrt{Y_{0a}Y_{0b}}}{\sqrt{3}}$，中心频点的反射系数模值为

$$|\Gamma_{\mathrm{M}}| = \frac{3Y_1^2 - Y_{0a}Y_{0b}}{3Y_1^2 + Y_{0a}Y_{0b}} \tag{5-65}$$

中心频点的电压驻波比为

$$\rho_{\mathrm{M}} = \frac{1 + |\Gamma_{\mathrm{M}}|}{1 - |\Gamma_{\mathrm{M}}|} \tag{5-66}$$

综合式（5-65）和式（5-66），可得

$$Y_1 = \frac{\sqrt{\rho_{\mathrm{M}} Y_{0a} Y_{0b}}}{\sqrt{3}} \tag{5-67}$$

将其写成阻抗形式为

$$Z_1 = \frac{\sqrt{3 Z_{0a} Z_{0b}}}{\sqrt{\rho_{\mathrm{M}}}} \tag{5-68}$$

综合如式（5-52b）和式（5-52c）的理想隔离条件及式（5-52a）所示的准对称条件，再结合式（5-63）所示的端口阻抗关系及式（5-67）所示的双频工作条件，得出满足准对称特性、满足窄带/宽带/双频统一设计的公式如下：

$$Z_{0b} = \frac{9}{7} Z_{0a} \tag{5-69a}$$

$$Z_1 = \frac{\sqrt{3 Z_{0a} Z_{0b}}}{\sqrt{\rho_{\mathrm{M}}}} = \frac{3\sqrt{3}}{\sqrt{7\rho_{\mathrm{M}}}} Z_{0a} \tag{5-69b}$$

$$Z_2 = \frac{3}{2}Z_1 = \frac{9\sqrt{3}}{2\sqrt{7\rho_M}}Z_{0a} \qquad (5\text{-}69c)$$

$$R = \frac{9}{4}Z_{0a} \qquad (5\text{-}69d)$$

式中：ρ_M 有明确的物理意义，即中心频点的电压驻波比。

在实际设计时，取 $\rho_M \geqslant 1$。两个工作频点也可以用 ρ_M 表示。ρ_M 取不同值时端口反射系数的窄带/宽带/双频频响曲线如图 5-22 所示。

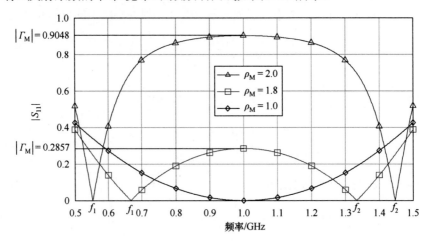

图 5-22 一分三功分器窄带/宽带/双频频响曲线

将式（5-60）和式（5-67）代入式（5-61），可得

$$\cot\theta_1 = \sqrt{\frac{3}{4}\cdot\frac{\rho_M-1}{\rho_M}} \qquad (5\text{-}70)$$

得出对应工作频点 f_1 的表达式为

$$f_1 = \frac{2}{\pi}\mathrm{arc\,cot}\sqrt{\frac{3}{4}\cdot\frac{\rho_M-1}{\rho_M}}f_0 \qquad (5\text{-}71)$$

对应工作频点 f_2 的表达式为

$$f_2 = 2f_0 - f_1 \qquad (5\text{-}72)$$

另外双频比为 b_{21}，则由式（5-72）和式（5-71），可得

$$b_{21} = \frac{f_2}{f_1} = \frac{\pi}{\cot^{-1}\sqrt{\dfrac{3}{4}\dfrac{\rho_M-1}{\rho_M}}} - 1 \qquad (5\text{-}73)$$

由式（5-73）可得，当 ρ_M 逐渐增大时，双频比逐渐增大。或者可由既定双频比确定出需要的 ρ_M，即

$$\rho_M = \cfrac{1}{1 - \cfrac{4}{3}\cot^2\cfrac{\pi}{1+b_{21}}} \tag{5-74}$$

由式（5-73）和式（5-72），已知双频比，对应的两个频点表达式分别为

$$\frac{f_1}{f_0} = \frac{2}{1+b_{21}} \tag{5-75a}$$

$$\frac{f_2}{f_0} = \frac{2b_{21}}{1+b_{21}} \tag{5-75b}$$

图 5-23 所示为当 ρ_M 从 1 增大到 20 时，双频比的变化趋势。由图可以看出，当 ρ_M 从 1 增至 3 时，双频比变化剧烈，从 1 增至 2.2895。之后随着 ρ_M 的增加，直至增至 20，双频比增大至稍大于 2.6。可以根据该曲线及所需要的双频比，得出需要的 ρ_M 值，从而由式（5-69）确定其余阻抗设计参数。

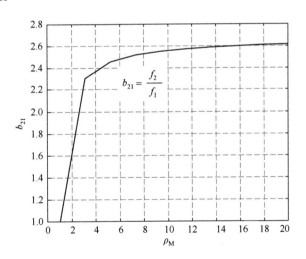

图 5-23　双频比与中心频点电压驻波比的关系

例 5-5　设计单节宽带一分三功分器，要求带内驻波比 $\rho \leqslant 2$，输入端口阻抗 $Z_{0a} = 50\Omega$，相对带宽为多少？

带内驻波比 $\rho \leqslant 2$，取中心频点驻波比 $\rho_M = 2$，另有 $Z_{0a} = 50\Omega$，将其代入式（5-69），可得

$$Z_1 = \frac{\sqrt{3Z_{0a}Z_{0b}}}{\sqrt{\rho_M}} = 69.4\Omega$$

$$Z_2 = \frac{3}{2}Z_1 = 104.2\Omega$$

$$Z_{0b} = \frac{9}{7}Z_{0a} = 64.3\Omega$$

$$R = \frac{9}{4}Z_{0a} = 112.5\Omega$$

设计参数总结如表 5-3 所列。

表 5-3　单节宽带准对称一分三功分器参数

参数	f_0 / GHz	Z_{0a} / Ω	Z_{0b} / Ω	Z_1 / Ω	Z_2 / Ω	R / Ω	ρ_M
值	1	50	64.3	69.4	104.2	112.5	2

用 AWR Microwave Office 软件建立如图 5-24 所示等效电路仿真模型。

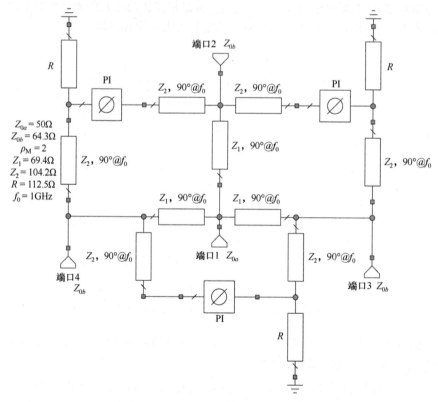

图 5-24　单节宽带一分三功分器等效电路及参数

图 5-25 所示结果为单节宽带一分三功分器反射、传输及隔离特性仿真结果。由仿真结果可见，输入端口与输出端口反射系数模值频响曲线重合；体现了电路的准对称特性，在整个带宽内达到了理想的隔离特性；中心频点最大的反射系数模值为 0.333，对应中心频点最大电压驻波比为 2；端口反射系数模值小于 0.333（对应电压驻波比小于 2）的相对带宽达到了 $(1.482 - 0.5178) \times 100\% = 96.42\%$。因此，所设计的一分三功分器满足频率无关的理想隔离特性、端口反射大小相等的准对称特性。且基于理想倒相器的单节一分三功分器就具有宽带特性，实际工程中可通过将理想倒相器替换为实际宽带/超宽带倒相器实现。

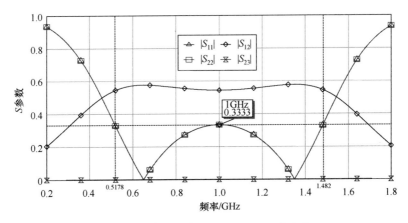

图 5-25　单节宽带一分三功分器仿真结果

例 5-6　设计单节双频一分三功分器，要求双频比 $b_{21} = 2.5$，输入端口阻抗 $Z_{0a} = 50\Omega$，给出设计参数及仿真结果，并得出两个频带相对带宽。

因为双频比 $b_{21} = 2.5$，则由式（5-74）得中心频点驻波比为

$$\rho_{M} = \frac{1}{1 - \dfrac{4}{3}\cot^2\dfrac{\pi}{1 + b_{21}}} = 6.5769$$

另有 $Z_{0a} = 50\Omega$，将其代入式（5-69），可得

$$Z_{0b} = \frac{9}{7}Z_{0a} = 64.3\Omega, \quad Z_1 = \frac{\sqrt{3Z_{0a}Z_{0b}}}{\sqrt{\rho_M}} = 38.29\Omega$$

$$Z_2 = \frac{3}{2}Z_1 = 57.44\Omega, \quad R = \frac{9}{4}Z_{0a} = 112.5\Omega$$

单节双频准对称一分三功分器设计参数如表 5-4 所列。

表 5-4　单节双频准对称一分三功分器设计参数

参数	f_0/GHz	Z_{0a}/Ω	Z_{0b}/Ω	Z_1/Ω	R/Ω	ρ_M	b_{21}
值	1	50	64.3	38.29	57.44	112.5	6.5769

AWR Microwave Office 软件等效电路仿真模型与图 5-24 相同,仅改变电参数,如图 5-26 所示。

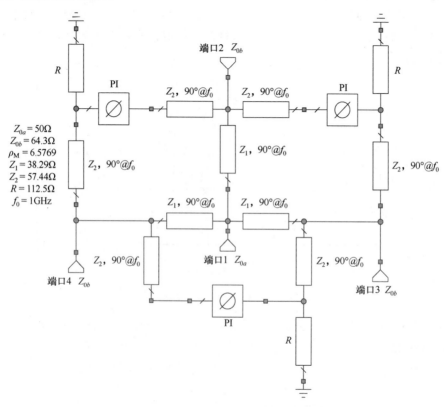

图 5-26　单节双频一分三功分器等效电路及参数

图 5-27 所示为单节双频一分三功分器反射、传输及隔离特性仿真结果。由仿真结果可见，输入端口与输出端口反射系数模值频响曲线重合，体现了电路的准对称特性，在整个带宽内达到了理想的隔离特性。两个双频工作频点分别为 $f_1 = 0.5714\text{GHz}$、$f_2 = 1.429\text{GHz}$，结果与由式（5-75）计算结果相同。两个频点电压驻波比小于 2 的绝对带宽均为 131MHz，相对带宽分别为 22.9%和9.2%。此例验证了基于理想倒相器的单节一分三功分器就具有双频工作特性，而且设计公式与例 5-5 完全相同，仅中心频点电压驻波比取值不相同。实际工

程中可通过将理想倒相器替换为实际宽带/超宽带或双频倒相器实现。对应的，根据实际倒相器特性的不同，实际功分器将在对应宽带/超宽带内或双频点处满足理想的隔离、反射及传输特性。

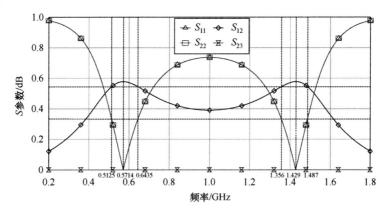

图 5-27　单节双频一分三功分器仿真结果

5.3.4　一分三功分器的设计

5.3.1 节～5.3.3 节都研究一分三功分器，这三节所研究的功分器结构、设计公式及特性对比，如表 5-5 所列。特性对比主要从五点考虑；第一点，结构是否满足同相、反相统一设计？第二点，三种结构都采用了理想倒相器，隔离特性是否具有频率无关隔离特性？第三点，输入端和输出端反射特性是否具有模值相等的准对称特性？第四点，单节结构是否具有窄带、宽带及双频三种频响统一设计特性？第五点，能否适应于不等分功分？

由表 5-5 对比结果可得出如下结论，第一类对应的新型一分三任意功分比功分器适用于设计端口阻抗相同的、一定工作带宽要求的、不等功分同相、反相一分三等功分比功分器，尤其在大功比功分器实现中具有优势；而第二类对应的新型准对称一分三等功分比功分器适用于设计端口阻抗不相同的、要求理想隔离的、一定工作带宽要求的等功分同相、反相一分三功分器；第三类对应的新型准对称、三种频响统一设计的一分三等功分比功分器适用于设计端口阻抗符合一定要求的、要求理想隔离的、具有窄带/宽带或双频频响特性的等功分同相、反相一分三功分器。三种类型结构很相似，可以根据实际工程需要选择合适的结构。在实际工程实现时，都必须用实际的倒相器取代等效电路中的理想倒相器，可根据电路指标要求选择窄带/宽带/超宽带及双频倒相器结构。因此，电路中采用理想倒相器的方法使电路结构构造及分析方法具有统一和通用

表 5-5　三种一分三功分器结构总结及特性对比

类型	1类：新型一分三任意功率比功分器	2类：新型准对称一分三等功率比功分器	1类：新型准对称、三种频响统一设计的一分三等功率比功分器
结构			
设计公式	$Z_1 = \dfrac{\sqrt{1+k_1^2+k_2^2}}{\sqrt{\rho_M}} Z_0$ $Z_2 = Z_1/k_1$ $Z_3 = Z_1/k_2$	$Z_1 = \sqrt{3}\sqrt{Z_{0a}Z_{0b}}$ $Z_2 = \dfrac{3}{2}Z_1$ $R = \dfrac{9}{4}Z_{0a}$	$Z_{0b} = \dfrac{9}{7}Z_{0a}$ $Z_1 = \dfrac{3\sqrt{3}}{7}\dfrac{Z_{0a}}{\sqrt{\rho_M}}$ $Z_2 = \dfrac{3}{2}Z_1,\; R = \dfrac{9}{4}Z_{0a}$
特性	同相、反相功分可以统一设计 频率无关隔离设计 端口反射准对称不满足 三种频响统一设计不满足 可设计不等功率分功	同相、反相功分可以统一设计 具有频率无关隔离特性 端口反射具有准对称性 三种频响统一设计不满足 不能设计不等功率分功	同相、反相功分可以统一设计 具有频率无关隔离特性 端口反射统一设计 能够统一设计三种频响 不能设计不等功率分功
特点总结	适用于设计端口阻抗不相同的、一定工作带宽要求的、不等功率分一分三功分器	适用于设计端口阻抗相同的、一定工作带宽要求的等功率分同相、反相一分三功分器	适用于设计端口阻抗符合一定要求的、具有宽带宽或双频频响特性的等功率分同相、反相一分三功分器

性，大大简化了分析过程，并且能脱离实际电路结构，从更高层面、从本质上理解电路的构造及工作特性。

5.4　准对称一分 N 功分器

5.3 节从结构到电气两个角度出发，研究了准对称一分三功分器的构造。本部分将此对称的概念继续拓展延伸，研究基于理想倒相器的一分 N 功分器的结构构造，考察其电气特性。

5.4.1　新型一分 N 任意功分比功分器

2.2 节与 5.3 节中一分二、一分三功分器的结构存在类似的对称性，并且结构简单，设计公式非常简单，未知参数可归结为一个分支线的特性阻抗值，而隔离电阻取值为定值，与功分端口数及功分比都没有关系，仅与端口特性阻抗值有关。考察该结构可推广到一分四、一分五乃至一分 N 功分器的可能性。要使 N 个输出端口间两两隔离，共需要 $C_N^2 / 2 = N(N-1) / 2$ 个环及倒相器，每个环同样由四段传输线构成，相对的传输线具有相同的特性阻抗。功分比为 P_1：$P_2 : P_3 : \cdots : P_N = 1 : k_1^2 : k_2^2 : \cdots : k_{N-1}^2$ 的新型任意功分比一分 N 功分器结构如图 5-28 所示。图 5-28（a）所示为单隔离电阻情形，对应的具有双隔离电阻情形如图 5-28（b）所示。

与 5.3.1 节分析方法类似，可得出新型任意功分比一分 N 功分器的设计公式为

$$Z_1 = \frac{\sqrt{1 + k_1^2 + k_2^2 + \cdots + k_{N-1}^2}}{\sqrt{\rho_M}} Z_0 \tag{5-76a}$$

$$Z_2 = Z_1 / k_1 = \frac{\sqrt{1 + k_1^2 + k_2^2 + \cdots + K_{N-1}^2}}{k_1 \sqrt{\rho_M}} Z_0 \tag{5-76b}$$

$$Z_N = Z_1 / k_{N-1} = \frac{\sqrt{1 + k_1^2 + k_2^2 + \cdots K_{N-1}}}{k_{N-1} \sqrt{\rho_M}} Z_0 \tag{5-76c}$$

和

$$R = Z_0 \tag{5-76d}$$

在式（5-76a）～式（5-76d）中，当 $\rho_M = 1$ 时为经典的中心频点最优法设计公式，$\rho_M > 1$ 时为中心频点准最优法设计公式。

例 5-7 设计如图 5-28 所示结构的一分四等功分比功分器，分 $\rho_M = 1$ 和 $\rho_M = 2$ 两种情况，并比较两种情形下电路的特性。端口阻抗 $Z_0 = 50\Omega$。

由式（5-76）得出如表 5-6 所列设计参数。选中心频点为 $f_0 = 1\mathrm{GHz}$。

AWR Microwave Office 软件等效电路仿真结果分别如图 5-29 和图 5-30 所示。

从图 5-29 和 5-30 两种情况下仿真频响结果可看出，当 $\rho_M = 1$ 时，在中心频点上，可以得到理想的匹配、隔离和传输特性。当 $\rho_M = 2$ 时，在中心频点上，可以得到理想的隔离特性，但在整个频带上，隔离度分别大于 22.3dB 和 19.5dB，基本能够满足工程需求。在两种情形下，输入端和输出端频响曲线不重合，除了在中心频点，其余频带不具有电气准对称特性。如表 5-6 所列，在 $\rho_M = 2$ 与

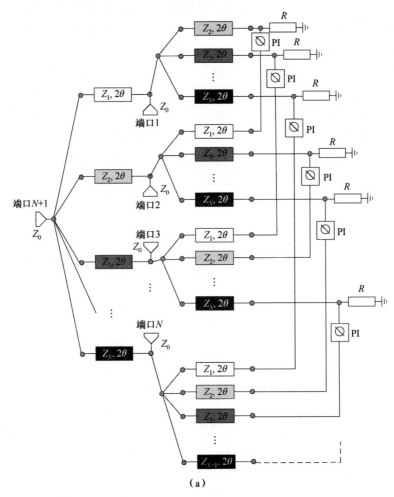

（a）

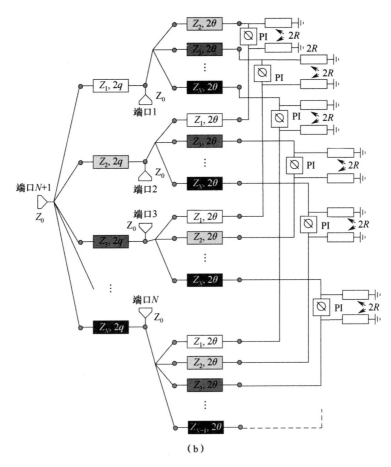

（b）

图 5-28　新型任意功分比一分 N 功分器的结构

（a）单隔离电阻情形；（b）双隔离电阻情形。

表 5-6　一分四等功分比功分器设计参数

参数	ρ_M	f_0/GHz	Z_0/Ω	k_1	k_2	k_3	Z_1/Ω	Z_2/Ω	Z_3/Ω	Z_4/Ω
值	1	1	50	1	1	1	100	100	100	100
	2	1	50	1	1	1	70.7	70.7	70.7	70.7

$\rho_M=1$ 情形下，各阻抗变换段特性阻抗降低，便于工程实现。另外，电压驻波比 $\rho_M<2$（$|\Gamma_M|<0.3333$）的绝对带宽从 605.7MHz 展宽为 688.5MHz，相对带宽从 60.57% 展宽至 68.85%，代价是频带内出现了小于 0.5dB 的类似二阶的切比雪夫波纹。总之，准最优设计法在没有增加电路的复杂性前提下，提高了工程可实现性，展宽了带宽。

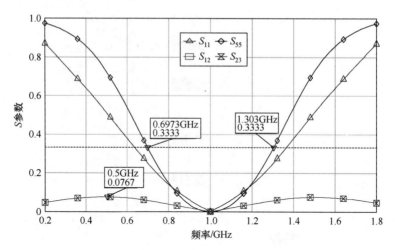

图 5-29　一分四等功分比功分器 $\rho_M = 1$ 仿真结果

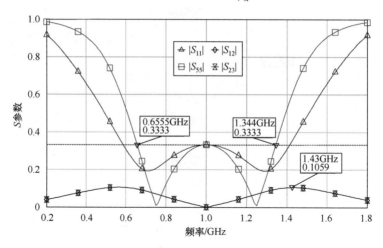

图 5-30　一分四等功分比功分器 $\rho_M = 2$ 仿真结果

例 5-8　设计如图 5-28 所示结构的一分四功分器,功分比 $P_1 : P_2 : P_3 : P_4 =$ $1 : 2 : 3 : 4$,分为 $\rho_M = 1$ 和 $\rho_M = 2$ 两种情况,并比较两种情形下电路的特性。端口阻抗 $Z_0 = 50\Omega$。

由式(5-76)得出如表 5-7 所示设计参数,选中心频点为 $f_0 = 1\mathrm{GHz}$。

表 5-7　一分四不等功分比功分器设计参数

参数	ρ_M	f_0 / GHz	Z_0 / Ω	k_1	k_2	k_3	Z_1 / Ω	Z_2 / Ω	Z_3 / Ω	Z_4 / Ω
值	1	1	50	$\sqrt{2}$	$\sqrt{3}$	$\sqrt{4}$	158	111.8	91.2	79.1
	1.5	1	50	$\sqrt{2}$	$\sqrt{3}$	$\sqrt{4}$	129	91.3	74.5	64.5

在 $\rho_M = 1$ 的情形下，AWR Microwave Office 软件等效电路仿真结果分别如图 5-31～图 5-33 所示。图 5-31 所示为反射特性，图 5-32 所示为隔离特性，图 5-33 所示为传输特性。

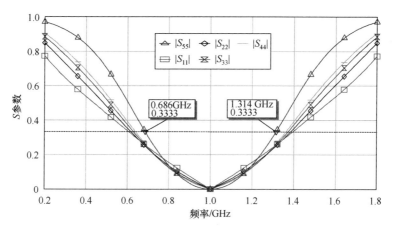

图 5-31　$1：2：3：4$ 一分四功分器 $\rho_M = 1$ 的反射特性

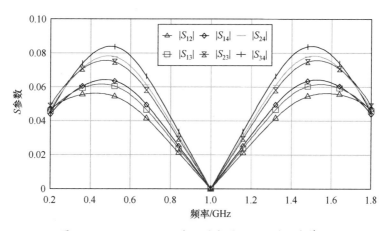

图 5-32　$1：2：3：4$ 一分四功分器 $\rho_M = 1$ 的隔离特性

在 $\rho_M = 1.5$ 情形下，AWR Microwave Office 软件等效电路仿真结果分别如图 5-34～图 5-36 所示。图 5-34 所示为反射特性，图 5-35 所示为隔离特性，图 5-36 所示为传输特性。

比较 $\rho_M = 1$ 的中心频点最优法和 $\rho_M = 1.5$ 的中心频点准最优法两种设计方法设计的 $1：2：3：4$ 一分四功分器参数及仿真结果可以看出，与等功分比情形类似，在中心频点上，$\rho_M = 1$ 时可以得到理想的匹配、隔离和传输特性，

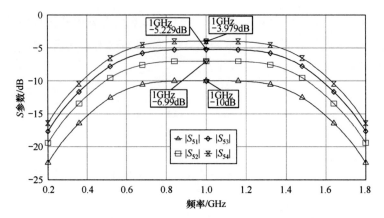

图 5-33　1：2：3：4 一分四功分器 $\rho_M = 1$ 的传输特性

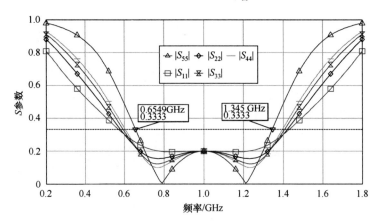

图 5-34　1：2：3：4 一分四功分器 $\rho_M = 1.5$ 的反射特性

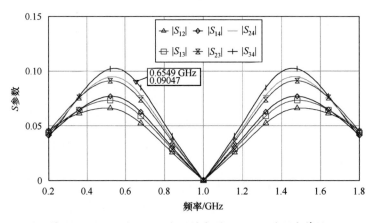

图 5-35　1：2：3：4 一分四功分器 $\rho_M = 1.5$ 的隔离特性

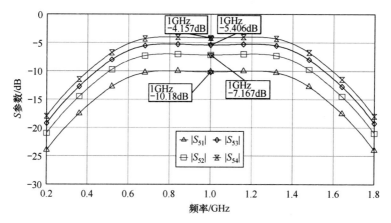

图 5-36　$1:2:3:4$ 一分四功分器 $\rho_{\mathrm{M}}=1.5$ 的传输特性

而 $\rho_{\mathrm{M}}=1.5$ 时仅得到理想的隔离特性。在整个频带上，隔离度分别大于 21.5dB 和 19.8dB，能够满足工程需求。在两种情形下，输入端和输出端频响曲线不重合，除了在中心频点，不具有电气准对称特性。如表 5-7 所列，$\rho_{\mathrm{M}}=1.5$ 相比 $\rho_{\mathrm{M}}=1$ 情形下，除了各阻抗变换段特性阻抗降低，便于工程上可实现外，电压驻波比 $\rho_{\mathrm{M}}<1.5$（$|\Gamma_{\mathrm{M}}|<0.3333$）的绝对带宽从 628MHz 展宽为 690MHz，相对带宽从 62.8% 展宽至 69%，代价是带内出现了小于 0.5dB 的类似二阶的切比雪夫波纹。总之，准最优设计法在没有增加电路的复杂性前提下，提高了工程可实现性，展宽了带宽。

5.4.2　电气准对称的新型一分 N 等功分比功分器

与 5.3.2 节类似，考察输入端口和输出端口阻抗不同但输入端和输出端反射系数模值频响一致的一分 N 等功分比功分器。图 5-37 所示为拓展的基于理想倒相器的一分 N Gysel 功分器，为了获得功分端口间的隔离，包括了 $C_N^2/2$ 个理想倒相器，可以看作是将文献[71]中所有半波长传输线用理想倒相器代替的结果。还包括了电长度均为 θ 但特性阻抗分别为 Z_1 和 Z_2 的阻抗变换段，其数目分别为 N 和 $N(N-1)$。共有 $C_N^2/2$ 个隔离电阻（R）。另外，输入端口 1 阻抗和所有 N 个输出端口（端口 2 到端口 $N+1$）阻抗分别为 Z_{0a} 和 Z_{0b}。所有的输出端口都是结构对称的。

1. 等效为四端口微波网络

为了便于用微波网络理论分析，将图 5-37 所示 $N+1$ 端口的电路等效为四端口的网络，如图 5-38 所示。终端负载为 Z_{0b} 的端口 3 至端口 $N+1$ 的所有 $N-1$ 个端口并联，因此，并联后，其相应支路特性阻抗均乘以 $1/(N-1)$ 的系数，

端口阻抗也乘以 $1/(N-1)$，标为图 5-38 中的端口 3，端口阻抗为 $Z_{0b}/(N-1)$。所有的 $N-1$ 个隔离电阻也是并联的，用图 5-38 中的端口 4 等效，并且端口阻抗为 $R/(N-1)$。同样，图 5-37 中从功分器输入端口 1～$N-1$ 个功分端口（从端口 3 至端口 $N+1$）的特性阻抗为 Z_1 的 $N-1$ 条线并联后，特性阻抗乘以 $1/(N-1)$。

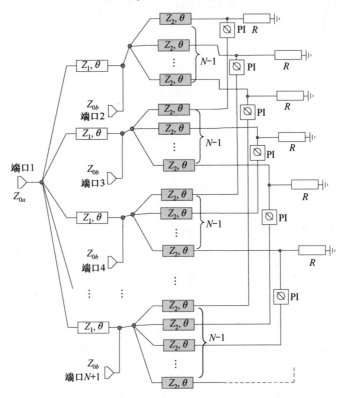

图 5-37　基于理想倒相器准对称的一分 N 功分器

相应地，图 5-37 中特性阻抗为 Z_2 的并联线也等效为图 5-38 中 $Z_2/(N-1)$ 的线。而图 5-38 中特性阻抗为 $Z_2/(N-1)(N-2)$ 的终端短路线是从图 5-37 中连接倒相器和隔离电阻的特性阻抗为 Z_2 的传输线并联等效而来。由于各功分输出端口对称，从输入口输入的信号等幅同相到达各倒相器处倒相后，等幅反相，形成电压波节点，因此形成各终端短路线。最终的四端口等效电路如图 5-38 所示。

考虑到图 5-37 电路中所有输出端口结构的对称性，图 5-38 中端口 2 和端口 3 的反射系数也应该是相等的，即

$$S_{22} = S_{33} \tag{5-77}$$

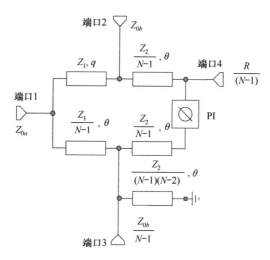

图 5-38　一分 N 功分器等效为四端口网络

如图 5-37 所示，当图 5-37 中输入端口 1 激励时，所有的输入功率都从各输出端（从端口 2 至端口 N+1）输出，由输出端口的对称性和倒相器的作用，所有的隔离电阻都将短路到地，不消耗能量。因此，图 5-38 中，由结构的对称性和理想倒相器双重因素，图 5-38 中，端口 1 和端口 4 间将理想隔离，即

$$S_{14} = 0 \tag{5-78}$$

图 5-38 所示等效四端口网络的反射及隔离特性可以用微波网络理论进行分析。

2. 理想隔离条件的推导

将图 5-38 中的端口 1 和端口 4 分别用终端负载 Z_{0a} 和 $R/(N-1)$ 代替，可得到用于计算图 5-38 中隔离传输参数 S_{23} 的二端口等效电路，如图 5-39 所示。其中，图 5-39 所示的网络可以看作是网络 1 和网络 2 的并联。

图 5-39 中网络 1 的传输矩阵可用下式表示：

$$
A_1 = \begin{bmatrix} A_1 & B_1 \\ C_1 & D_1 \end{bmatrix} = \begin{bmatrix} \cos\theta & \dfrac{\mathrm{j}\sin\theta}{Y_1} \\ \mathrm{j}Y_1\sin\theta & \cos\theta \end{bmatrix} \begin{bmatrix} 1 & 0 \\ Y_{0a} & 1 \end{bmatrix} \begin{bmatrix} \cos\theta & \dfrac{\mathrm{j}\sin\theta}{(N-1)Y_1} \\ \mathrm{j}(N-1)Y_1\sin\theta & \cos\theta \end{bmatrix}
$$

$$
= \begin{bmatrix} \cos^2\theta - (N-1)\sin\theta + \mathrm{j}\sin\theta\cos\theta\dfrac{Y_{0a}}{Y_1} & \dfrac{-Y_{0a}\sin^2\theta + \mathrm{j}NY_1\sin\theta\cos\theta}{(N-1)Y_1^2} \\ Y_{0a}\cos^2\theta + \mathrm{j}Y_1\sin\theta\cos\theta + \mathrm{j}(N-1)Y_1\cos\theta & \cos^2\theta - \dfrac{\sin^2\theta}{N-1} + \mathrm{j}\sin\theta\cos\theta\dfrac{Y_{0a}}{(N-1)Y_1} \end{bmatrix}
$$

$$\tag{5-79}$$

式中：$Y = 1/R$；$Y_{0a} = 1/Z_{0a}$；$Y_1 = 1/Z_1$。

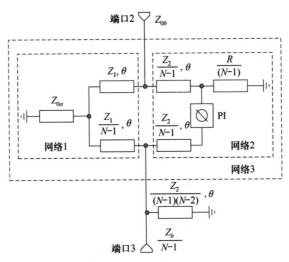

端口2 Z_{0b}

Z_1, θ $\dfrac{Z_2}{N-1}, \theta$ $\dfrac{R}{(N-1)}$

Z_{0a}

$\dfrac{Z_1}{N-1}, \theta$ $\dfrac{Z_2}{N-1}, \theta$ PI

网络1 $\dfrac{Z_2}{N-1}, \theta$ 网络2

网络3

$\dfrac{Z_2}{(N-1)(N-2)}, \theta$

端口3 $\dfrac{Z_b}{N-1}$

图 5-39　用于隔离度计算的等效二端口网络

由式（5-79），可得

$$B_1 = \frac{-Y_{0a}\sin^2\theta + \mathrm{j}NY_1\sin\theta\cos\theta}{(N-1)Y_1^2} \tag{5-80}$$

网络 1 对应的导纳矩阵 $\boldsymbol{Y_1}$ 可由转移矩阵 $\boldsymbol{A_1}$ 转换得出。

图 5-39 中网络 2 的传输矩阵可用下式表示：

$$\boldsymbol{A_2} = \begin{bmatrix} A_2 & B_2 \\ C_2 & D_2 \end{bmatrix}$$

$$= \begin{bmatrix} \cos\theta & \dfrac{\mathrm{j}\sin\theta}{(N-1)Y_2} \\ \mathrm{j}(N-1)Y_2\sin\theta & \cos\theta \end{bmatrix} \begin{bmatrix} 1 & 0 \\ \dfrac{(N-1)Y}{2} & 1 \end{bmatrix} \begin{bmatrix} -1 & 0 \\ 0 & -1 \end{bmatrix} \begin{bmatrix} \cos\theta & \dfrac{\mathrm{j}\sin\theta}{(N-1)Y_2} \\ \mathrm{j}(N-1)Y_2\sin\theta & \cos\theta \end{bmatrix}$$

$$= \begin{bmatrix} -\cos 2\theta - \dfrac{\mathrm{j}Y\sin 2\theta}{2Y_2} & \dfrac{Y\sin^2\theta - \mathrm{j}Y_2\sin 2\theta}{(N-1)Y_2^2} \\ -(N-1)Y\cos^2\theta - \mathrm{j}(N-1)Y_2\sin 2\theta & -\cos 2\theta - \dfrac{(N-1)}{2}Y\sin 2\theta \end{bmatrix}$$

$$\tag{5-81}$$

式中：$Y_{0b} = 1/Z_{0b}$；$Y_2 = 1/Z_2$。

由式（5-81），可得

$$B_2 = \frac{-Y \sin^2 \theta - \mathrm{j} Y_2 \sin 2\theta}{(N-1) Y_2^2} \tag{5-82}$$

网络 2 对应的导纳矩阵 $\boldsymbol{Y}_2$ 可由转移矩阵 $\boldsymbol{A}_2$ 转换得出。

假设图 5-39 中网络 3 的导纳矩阵为

$$\boldsymbol{Y}_3 = \begin{bmatrix} Y_{11} & Y_{12} \\ Y_{21} & Y_{22} \end{bmatrix} = \boldsymbol{Y}_1 + \boldsymbol{Y}_2 \tag{5-83}$$

图 5-38 中端口 2 和端口 3 若要得到理想隔离（$S_{23}=0$），则对应图 5-39 中网络 3，有

$$Y_{12} = 0 \tag{5-84}$$

由导纳矩阵和传输矩阵之间的关系，Y_{12} 有如下计算公式，即

$$Y_{12} = -\frac{\det \boldsymbol{A}_1}{B_1} - \frac{\det \boldsymbol{A}_2}{B_2} \tag{5-85}$$

再加上网络 1 和网络 2 均为互易网络，有

$$\det \boldsymbol{A}_1 + \det \boldsymbol{A}_2 \tag{5-86}$$

将式（5-79）、式（5-81）和式（5-86）代入式（5-85），可得

$$B_1 + B_2 = \frac{(Y_1^2 Y - Y_2^2 Y_{0a}) \sin^2 \theta}{2 Y_1^2 Y_2^2} + \frac{\mathrm{j} 3 Y_2 \sin 2\theta - \mathrm{j} 2 Y_1 \sin 2\theta}{4 Y_1 Y_2} = 0 \tag{5-87}$$

由式（5-87）可得图 5.39 端口 2 和端口 3 间理想隔离条件为

$$Y = \frac{4}{N^2} Y_{0a} \tag{5-88}$$

$$Y_2 = \frac{2}{N} Y_1 \tag{5-89}$$

写成阻抗的形式为

$$R = \frac{N^2}{4} Z_{0a} \tag{5-90}$$

$$Z_2 = \frac{N}{2} Z_1 \tag{5-91}$$

式（5-90）和式（5-91）与频率无关，因此其即为图 5-38 中两个输出端口间可获得频率无关隔离（$S_{23}=0$）的必要条件。隔离电阻 R 的值仅与输入端的端口阻抗 Z_{0a} 有关。而各个环线段的特性阻抗值必须满足式（5-91）。

以上得出了理想隔离的条件，下面考察输入端口和各输出端口反射特性准对称的条件。

3. 准对称特性

当满足理想隔离条件后，考虑到各输出端口的结构对称性，图 5-37 所示电

路可等效为如图 5-40 所示的二端口网络，图 5-37 中从端口 2～端口 $N+1$ 的所有的输出端口都并联到一起等效为图 5-40 中端口 2。因此，对于输出端口反射特性来说，图 5-37 和图 5-40 两种情形下将得出相同的结论。

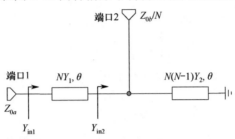

图 5-40　一分 N 功分器等效为二端口网络

令 $S_{11} = |S_{11}| \mathrm{e}^{\mathrm{j}\varphi_{11}}$，$S_{12} = |S_{12}| \mathrm{e}^{\mathrm{j}\varphi_{12}}$，$S_{22} = |S_{22}| \mathrm{e}^{\mathrm{j}\varphi_{22}}$，因为图 5-41 网络为无耗网络，有

$$|S_{11}| = |S_{22}| \tag{5-92}$$

和

$$\varphi_{11} = \pi + 2\varphi_{12} - \varphi_{22} \tag{5-93}$$

式（5-92）表明，尽管图 5-37 中端口 1 和端口 2 结构不相同，但端口 2 反射系数大小 $|S_{22}|$ 与端口 1 反射系数大小 $|S_{11}|$ 自动相等。因为两个反射系数相位不一定相等，因此反射系数大小相等（$|S_{11}|=|S_{22}|$）的特性称为准对称特性。

关于图 5-37 中所示一分 N 功分器，有如下结论：如果各输出端口间满足理想隔离条件（$R=N^2 Z_{0a}/4$，$Z_2=NZ_1/2$），则具有不同端口阻抗的输入端口和各输出端口具有相同的反射系数大小。该准对称性可写为

$$|S_{11}| = |S_{ii}|, i = 2,3,\cdots,N+1 \tag{5-94}$$

4. 计算 Y_{in1} 和 $|S_{11}|$

将图 5-40 中的端口 2 用终端阻抗 Z_{0b}/N 代替，计算输入端口输入导纳 Y_{in1} 和反射系数 S_{11} 的等效电路会非常简单，如图 5-41 所示。

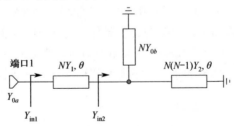

图 5-41　计算输入导纳的等效电路

由图 5-41，输入导纳分别为

$$Y_{\text{in2}}(\theta) = NY_{0b} - jN(N-1)Y_2 \cot\theta \tag{5-95}$$

和

$$
\begin{aligned}
Y_{\text{in1}}(\theta) &= NY_1 \frac{Y_{\text{in2}}(\theta) + jNY_1 \tan\theta}{NY_1 + jNY_{\text{in2}}(\theta) \tan\theta} \\
&= NY_1 \frac{NY_{0b} - j2(N-1)Y_1 \cot\theta + jNY_1 \tan\theta}{(3N-2)Y_1 + jNY_{0b} \tan\theta} \\
&= \text{Re}(Y_{\text{in1}}(\theta)) + j\text{Im}(Y_{\text{in1}}(\theta))
\end{aligned}
\tag{5-96}
$$

在中心频点点，有 $\theta = 90°$，再考虑到匹配条件 $Y_{\text{in1}} = Y_{0a}$，将其代入式（5-96），可得

$$Y_{\text{in1}}(90°) = \frac{NY_1^2}{Y_{0b}} = Y_{0a} \tag{5-97}$$

因此，有中心频点匹配条件为

$$Y_1 = \frac{\sqrt{Y_{0a}Y_{0b}}}{\sqrt{N}} \tag{5-98}$$

写成阻抗形式为

$$Z_1 = \sqrt{N}\sqrt{Z_{0a}Z_{0b}} \tag{5-99}$$

端口 1 的反射系数可由下式计算：

$$
\begin{aligned}
S_{11} &= \frac{Y_{0a} - Y_{\text{in1}}(\theta)}{Y_{0a} + Y_{\text{in1}}(\theta)} \\
&= \frac{\left[(3N-2)Y_1 Y_{0a} - N^2 Y_1 Y_{0b}\right] + j\left[(NY_{0a}Y_{0b} - N^2 Y_1^2)\tan\theta + 2N(N-1)Y_1^2 \cot\theta\right]}{\left[(3N-2)Y_1 Y_{0a} + N^2 Y_1 Y_{0b}\right] + j\left[(NY_{0a}Y_{0b} - N^2 Y_1^2)\tan\theta - 2N(N-1)Y_1^2 \cot\theta\right]}
\end{aligned}
$$

$$\tag{5-100}$$

5. 设计公式总结

综合考虑到理想隔离条件和中心频点理想匹配条件，一分 N 功分器设计公式如下：

$$Z_1 = \sqrt{N}\sqrt{Z_{0a}Z_{0b}} \tag{5-101a}$$

$$Z_2 = \frac{N}{2}Z_1 \tag{5-101b}$$

$$R = \frac{N^2}{4}Z_{0a} \tag{5-101c}$$

式（5-101a）～式（5-101c）表明，理想隔离特性由隔离电阻与输入端口阻抗关系及分支线阻抗关系确定；隔离电阻的值仅与输入端口的阻抗 Z_{0a} 有关，

而与输出端口的阻抗 Z_{0b} 无关；中心频点匹配与分支线和输入输出端口特性阻抗有关。

当 $N=2$，3，4 三种情形时，由式（5-101）得出各种情形设计参数如表 5-8 所列。

表 5-8　准对称一分 N 功分器设计参数

参数	N	Z_{0a}	Z_{0b}	Z_1	Z_2	R
值	2	Z_0	Z_0	$\sqrt{2}Z_0$	$\sqrt{2}Z_0$	Z_0
	3	Z_{0a}	Z_{0b}	$\sqrt{3}\sqrt{Z_{0a}Z_{0b}}$	$3\sqrt{3}\sqrt{Z_{0a}Z_{0b}}/2$	$9Z_{0a}/4$
	4	Z_{0a}	Z_{0b}	$2\sqrt{Z_{0a}Z_{0b}}$	$4\sqrt{Z_{0a}Z_{0b}}$	$4Z_{0a}$

对于一分二功分器，表 5-8 中的设计参数与文献[46]Gysel 功分器设计参数相同。对一分三功分器，设计参数与 5.3.2 节推导结果相同。式（5-101）是更为普遍和通用的设计公式。但随着 N 的增加，传输线的阻抗电平也相应提高。

将式（5-97）代入式（5-100），考虑到三种情形：$(Z_{0a}, Z_{0b}) = (50, 50)$，$(Z_{0a}, Z_{0b}) = (50, 75)$ 和 $(Z_{0a}, Z_{0b}) = (50, 100)$。对于 $N=2\sim10$ 的各种功分器，可以分别计算出反射特性。图 5-42 给出了不同情形下电压驻波比频响曲线的差别。对应的相对带宽也不一样，VSWR<2 的相对带宽如图 5-43 所示。

图 5-43 表明，对于 $(Z_{0a}, Z_{0b}) = (50, 50)$ Ω 和 $(Z_{0a}, Z_{0b}) = (50, 75)$ Ω 的两种情形，相对带宽随着 N 的增加下降。而对于第三种情形，$(Z_{0a}, Z_{0b}) = (50, 100)$ Ω，相对带宽当 $N<4$ 时，随着 N 的增加而缓慢增加；而当 $N>5$ 时，随着 N 的增加，相对带宽下降。

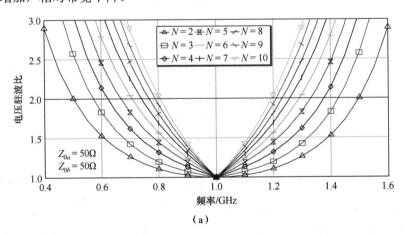

（a）

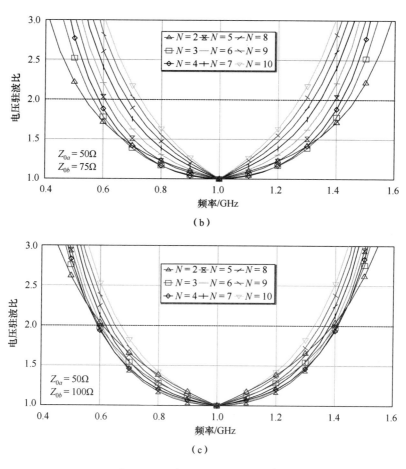

图 5-42　一分 N 功分器的反射特性

（a）（Z_{0a}，Z_{0b}）＝（50，50）Ω；（b）（Z_{0a}，Z_{0b}）＝（50，75）Ω；

（c）（Z_{0a}，Z_{0b}）＝（50，100）Ω。

例 5-9　设计端口阻抗为（Z_{0a}，Z_{0b}）＝（50，50）Ω 的 3dB 准对称一分四功分器。

由表 5-8 可得如表 5-9 所列的一分四功分器设计参数。

AWR Microwave Office 软件等效电路仿真结果如图 5-44 所示。

如图 5-44 所示，输入端口与输出端口的反射系数频响曲线重合，体现了准对称特性；频带内实现了频率无关理想隔离；$\rho < 2$ 频带的相对带宽为 75.76%。然而，该结构及设计公式得出的结果仅在中心频点理想匹配，即不具备基于理想倒相器的环形电桥所具有的第三条特性，即单节不具备双频特性，当然也就不能将窄带/宽带/双频的设计统一起来。为此，5.4.3 节将继续讨论，构造能够

同时实现窄带/宽带/双频特性的一分 N 功分器结构，并得出设计公式。另外，当功分路数增多时，传输线阻抗也提高，如该例中 $Z_2 = 200\Omega$，工程上也是难以实现的。

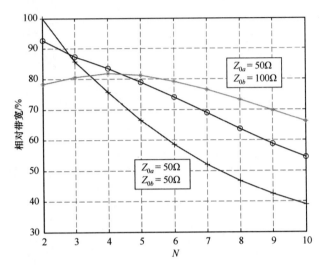

图 5-43　不同终端阻抗情形下一分 N 功分器的相对带宽（VSWR<2）

表 5-9　准对称一分四功分器设计参数

参数	N	Z_{0a}/Ω	Z_{0b}/Ω	Z_1/Ω	Z_2/Ω	R/Ω
值	4	50	50	100	200	200

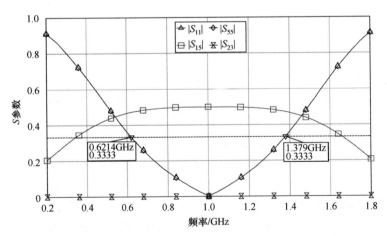

图 5-44　（Z_{0a}，Z_{0b}）=（50，50）Ω 一分四等功分比准对称功分器仿真结果

5.4.3 窄带/宽带/双频、小型化单节一分 N 功分器的统一设计

由式（5-100），可得

$$S_{11} = \frac{Y_{0a} - Y_{\text{in1}}(\theta)}{Y_{0a} + Y_{\text{in1}}(\theta)}$$

$$= \frac{\left[(3N-2)Y_1Y_{0a} - N^2Y_1Y_{0b}\right] + \text{j}\left[(NY_{0a}Y_{0b} - N^2Y_1^2)\tan\theta + 2N(N-1)Y_1^2\cot\theta\right]}{\left[(3N-2)Y_1Y_{0a} + N^2Y_1Y_{0b}\right] + \text{j}\left[(NY_{0a}Y_{0b} + N^2Y_1^2)\tan\theta - 2N(N-1)Y_1^2\cot\theta\right]}$$

$$= \frac{b}{a}$$

（5-102）

式中：

$$a = \left[(3N-2)Y_1Y_{0a} + N^2Y_1Y_{0b}\right] + \text{j}\left[(NY_{0a}Y_{0b} - N^2Y_1^2)\tan\theta - 2N(N-1)Y_1^2\cot\theta\right]$$

$$b = \left[(3N-2)Y_1Y_{0a} - N^2Y_1Y_{0b}\right] + \text{j}\left[(NY_{0a}Y_{0b} - N^2Y_1^2)\tan\theta + 2N(N-1)Y_1^2\cot\theta\right]$$

为了匹配，需要 $|S_{11}| = 0$，得出匹配条件为

$$b = \left[(3N-2)Y_1Y_{0a} - N^2Y_1Y_{0b}\right] + \text{j}\left[(NY_{0a}Y_{0b} - N^2Y_1^2)\tan\theta + 2N(N-1)Y_1^2\cot\theta\right] = 0$$

（5-103）

实部虚部分别等于 0，即

$$(3N-2)Y_1Y_{0a} - N^2Y_1Y_{0b} = 0 \tag{5-104}$$

$$(Y_{0a}Y_{0b} - NY_1^2) + 2(N-1)Y_1^2\cot^2\theta = 0 \tag{5-105}$$

由式（5-105），可得

$$\cot^2\theta = \frac{NY_1^2 - Y_{0a}Y_{0b}}{2(N-1)Y_1^2} \tag{5-106}$$

由式（5-106）可看出，当 $Y_1 = \dfrac{\sqrt{Y_{0a}Y_{0b}}}{\sqrt{N}}$ 时，有

$$\cot^2\theta = \frac{3Y_1^2 - Y_{0a}Y_{0b}}{4Y_1^2} = 0 \tag{5-107}$$

从而有 $\theta_0 = \dfrac{(2n-1)}{2}\pi$（ $n = 1,2,3,\cdots$ ），而且 b 的实部也为零，即式（5-104）也成立。因此工作频点只有中心频点及所有奇次频点，为窄带工作状态。

第二种情况，由式（5-104）实部为零，得

$$Y_{0b} = \frac{3N-2}{N^2} Y_{0a} \qquad (5\text{-}108)$$

而式（5-107）中，当 $Y_1 > \dfrac{\sqrt{Y_{0a}Y_{0b}}}{\sqrt{N}}$ 时，$\cot^2\theta = \dfrac{NY_1^2 - Y_{0a}Y_{0b}}{2(N-1)Y_1^2}$ 将有两个解，分别对应着两个工作频率，即

$$\theta_1 = \operatorname{arc\,cot} \frac{\sqrt{N - Y_{0a}Y_{0b}/Y_1^2}}{\sqrt{2(N-1)}} \qquad (5\text{-}109)$$

$$\theta_2 = \pi - \operatorname{arc\,cot} \frac{\sqrt{N - Y_{0a}Y_{0b}/Y_1^2}}{\sqrt{2(N-1)}} \qquad (5\text{-}110)$$

因为 $\cot^2\theta \neq 0$，因此为了匹配，而且 b 的实部也必须为零，即式（5-30）满足，因此式（5-108）的条件必须满足。式（5-108）可以写为阻抗形式，即

$$Z_{0b} = \frac{N^2}{3N-2} Z_{0a} \qquad (5\text{-}111)$$

因此，要使单节一分 N 功分器也具备潜在双频特性，输入端口和输出端口的阻抗值不能相等，必须满足式（5-111）的关系。这点与环形电桥不同，在环形电桥设计中，四个端口的特性阻抗都相等。

中心频点（$\theta = 90°$）处有 $\cot\theta = 0$，由式（5-102）得，则中心频点的反射系数为

$$S_{11}\big|_{\theta=90°} = \frac{Y_{0a}Y_{0b} - NY_1^2}{Y_{0a}Y_{0b} + NY_1^2} \qquad (5\text{-}112)$$

因为，$Y_1 \geq \dfrac{\sqrt{Y_{0a}Y_{0b}}}{\sqrt{N}}$，中心频点的反射系数模值为

$$|\Gamma_{\mathrm{M}}| = \frac{NY_1^2 - Y_{0a}Y_{0b}}{NY_1^2 + Y_{0a}Y_{0b}} \qquad (5\text{-}113)$$

中心频点的电压驻波比为

$$\rho_{\mathrm{M}} = \frac{1 + |\Gamma_{\mathrm{M}}|}{1 - |\Gamma_{\mathrm{M}}|} \qquad (5\text{-}114)$$

综合式（5-113）和式（5-114），可得

$$Y_1 = \frac{\sqrt{\rho_{\mathrm{M}} Y_{0a}Y_{0b}}}{\sqrt{N}} \qquad (5\text{-}115)$$

将式（5-115）写成阻抗形式为

$$Z_1 = \frac{\sqrt{NZ_{0a}Z_{0b}}}{\sqrt{\rho_M}} \tag{5-116}$$

综合如式（5-101b）和式（5-101c）的理想隔离条件及式（5-101a）所示的准对称条件，再结合式（5-111）所示的端口阻抗关系及式（5-116）所示的双频工作条件，得出满足准对称特性、满足窄带/宽带及双频统一设计的公式如下：

$$Z_{0b} = \frac{N^2}{3N-2} Z_{0a} \tag{5-117a}$$

$$Z_1 = \frac{\sqrt{NZ_{0a}Z_{0b}}}{\sqrt{\rho_M}} \tag{5-117b}$$

$$Z_2 = \frac{N}{2} Z_1 \tag{5-117c}$$

$$R = \frac{N^2}{4} Z_{0a} \tag{5-117d}$$

式中：ρ_M 有明确的物理意义，即中心频点的电压驻波比。实际设计时，取其值大于等于 1。两个工作频点也可以用其表示。

对于准对称一分四功分器，由式（5-117）得出 ρ_M 分别取 1、1.8、20 时各参数的值，如表 5-10 所列。

表 5-10　准对称一分四功分器设计参数

参数	ρ_M	N	Z_{0a}/Ω	Z_{0b}/Ω	Z_1/Ω	Z_2/Ω	R/Ω	备注
值	1	4	50	80	126.5	253	200	中心频点最优
	1.8	4	50	80	94.28	188.56	200	中心频点准最优
	20	4	50	80	28.28	56.57	200	中心频点准最优

AWR Microwave Office 软件等效电路仿真结果如图 5-46 所示。

从图 5-45 可以看出，当 ρ_M 分别取 1、1.8、20，分别对应窄带/宽带及双频频率响应，都可以统一为双频响应。当 $\rho_M =1$ 时，两个频点重合；$\rho_M >1$ 时，出现两个频点。中心频点反射小时可看作宽带工作状态（相比 $\rho_M =1$ 时的工作带宽）。当 $\rho_M \gg 1$ 时，两频点差别增大，频比增大。另外，比较表 5-10 中各种 ρ_M 情况下的特性阻抗值，发现 ρ_M 比较小时，阻抗值普遍偏高，工程上难以实现。而取比较高的 ρ_M 时，会大大降低特性阻抗值。因此，在实现双频或（小型化）方面，这种方法具有比较大的优势。

将式（5-117a）和式（5-117b）代入式（5-109），可得

$$\cot\theta_1 = \sqrt{\frac{N}{2(N-1)}\cdot\frac{\rho_M-1}{\rho_M}} \tag{5-118}$$

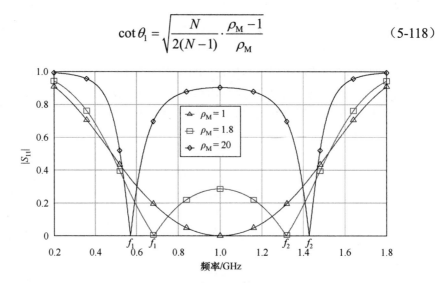

图 5-45　一分四功分器窄带/宽带及双频频响曲线

得出对应工作频点 f_1 的表达式为

$$f_1 = \frac{2}{\pi}\cot^{-1}\sqrt{\frac{N}{2(N-1)}\cdot\frac{\rho_M-1}{\rho_M}}\,f_0 \tag{5-119}$$

对应工作频点 f_2 的表达式为

$$f_2 = 2f_0 - f_1 \tag{5-120}$$

对于双频比为 b_{21}，由式（5-120）和式（5-119），可得

$$b_{21} = \frac{f_2}{f_1} = \frac{\pi}{\cot^{-1}\sqrt{\dfrac{N}{2(N-1)}\dfrac{\rho_M-1}{\rho_M}}} - 1 \tag{5-121}$$

由式（5-121），可得当 ρ_M 逐渐增大时，双频比逐渐增大。或者可由既定双频比确定出需要的 ρ_M，即

$$\rho_M = \frac{1}{1 - \dfrac{2(N-1)}{N}\cot^2\dfrac{\pi}{1+b_{21}}} \tag{5-122}$$

由式（5-119）和式（5-120）可得，已知双频比，对应的两个频点表达式分别为

$$\frac{f_1}{f_0} = \frac{2}{1+b_{21}} \tag{5-123a}$$

$$\frac{f_2}{f_0} = \frac{2b_{21}}{1+b_{21}} \qquad\qquad (5\text{-}123\text{b})$$

图 5-46 所示为当 ρ_M 从 1 增大到 20 时，一分三、一分四直至一分十功分器双频比随中心频点电压驻波比的变化趋势。由此可以看出，当 ρ_M 从 1 增至 3 时，双频比变化剧烈，从 1 变为 2～3 之间。之后随着 ρ_M 的增加，直至增至 20，双频比增大至稍大于 2 后趋缓。可以根据该曲线及所需要的双频比，得出需要的 ρ_M 值，从而由式（5-117）确定其余阻抗设计参数。

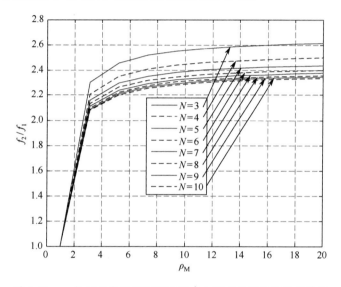

图 5-46　一分 N 功分器双频频比与中心频点电压驻波比的关系

5.4.4　一分 N 功分器的总结

5.4.1～5.4.3 节研究了三种一分 N 功分器，现将三种一分 N 功分器结构及特性对比总结如表 5-11 所列。特性对比主要从五点考虑：第一点，结构是否满足同相、反相统一设计？第二点，三种结构都采用了理想倒相器，隔离特性是否具有频率无关隔离特性？第三点，输入端和输出端反射特性是否具有模值相等的准对称特性？第四点，单节结构是否具有窄带、宽带及双频三种频响统一设计特性？第五点，能否适应于不等分功分？

由表 5-11 对比结果可以得出如下结论，第一类对应的新型一分 N 任意功分比功分器适用于设计端口阻抗相同的、一定工作带宽要求的、不等功分同相、反相一分三功分器，尤其在大功比功分器实现中具有优势；第二类对应的新型准对称一分 N 等功分比功分器适用于设计端口阻抗不相同的、要求理想隔离

表 5-11　三种一分 N 功分器结构总结及特性对比

类型	第一类：新型一分 N 任意功分比功分器	第二类：新型准对称一分 N 等功分比功分器	第三类：新型准对称、三种频响统一设计的一分 N 等功分比功分器
同相结构	（电路结构图）	（电路结构图）	（电路结构图）
设计公式	$Z_1 = \dfrac{\sqrt{1+k_1^2+k_2^2+\ldots k_{N-1}^2}}{\sqrt{P_M}}Z_0 \quad Z_2 = Z_1/k_1$ $Z_N = Z_1/k_{N-1}$ $R = Z_0$	$Z_1 = \sqrt{N}\sqrt{Z_{0a}Z_{0b}}$ $Z_2 = \dfrac{N}{2}Z_1$ $R = \dfrac{N^2}{4}Z_{0a}$	$Z_{0b} = \dfrac{N^2}{3N-2}Z_{0a} \quad Z_1 = \dfrac{\sqrt{NZ_{0a}^2 Z_{0b}}}{\sqrt{P_M}}$ $Z_2 = \dfrac{N}{2}Z_1,\quad R = \dfrac{N^2}{4}Z_{0a}$
特性	同相、反相功分可以统一设计 频率无关隔离不满足 端口反射准对称性不满足 三种频响统一设计不满足 可设计不等功率分功器	同相、反相功分可以统一设计 具有频率无关隔离特性 端口反射具有准对称性 三种频响统一设计不满足 不能设计不等功分器	同相、反相功分可以统一设计 具有频率无关隔离 端口反射具有准对称性 能够统一设计三种频响 不能设计不等功分器
特点总结	适用于设计端口阻抗相同的、一定工作带宽要求的、不等功率同相、反相一分 N 功分器	适用于设计端口阻抗不相同的、要求理想隔离的、一定工作带宽要求的等功率分同相、反相一分 N 功分器	适用于设计端口阻抗符合一定要求的、要求理想隔离的、具有窄带宽或双频带宽等频响特性的等功率同相、反相一分 N 功分器

的、一定工作带宽要求的等功分同相、反相一分 N 功分器；第三类对应的新型准对称、三种频响统一设计的一分 N 等功分比功分器适用于设计端口阻抗符合一定要求的、要求理想隔离的、具有窄带/宽带或双频频响特性的等功分同相、反相一分 N 功分器。三种类型结构很相似，可以根据实际工程需要选择合适的结构。在实际工程实现时，都必须用实际的倒相器取代等效电路中的理想倒相器，可以根据电路指标要求选择窄带、宽带、超宽带及双频倒相器结构。因此，电路中采用理想倒相器的方法使电路结构构造及分析方法具有统一和通用性，大大简化了分析过程，而且能脱离实际电路结构，从更高层面、从本质上理解电路的构造及工作特性。

5.5　准对称多端口器件应用

5.5.1　准对称一分 N Gysel 功分器结构拓展 1

图 5-37 所示的基于理想倒相器的一分 N 功分器当满足式（5-101）条件时，输入端口和输出端口具有相同的反射系数模值，即具有准对称性。由图可以看出，对输入端口特性阻抗 Z_{0a} 和输出端口特性阻抗 Z_{0b} 之间的关系并没有特定要求即可满足准对称性。单节一分 N 功分器带宽受限，为了展宽带宽，可以采用广泛使用的级联方式。对于图 5-37 所示的结构，当满足理想隔离条件时，仅需要考虑输入端口的匹配，而各输出端口的匹配自动满足。因此，可以在输入端口添加级联段。进一步推广，在输入端可加入任意网络，该网络可以是拓展带宽的匹配网络，可以获得多频特性的多频网络，也可以是提高频响特性的滤波网络，如图 5-47 所示。当然，输入端加了二端口网络后，等效端口阻抗变为 Z'_{0a}。为了维持理想频率无关隔离特性，在隔离电阻前面，也得有相应的二端口网络，等效隔离电阻变为 R'。

由级联矩阵性质，得输入端等效输入阻抗为

$$Z'_{0a} = \frac{AZ_{0a} + B}{CZ_{0a} + D} \tag{5-124}$$

等效隔离电阻为

$$R' = \frac{A'R + B'}{C'R + D'} \tag{5-125}$$

在式（5-125）中代入 $R = \dfrac{N^2}{4} Z_{0a}$，再考虑到准对称一分 N 功分器准对称条件：

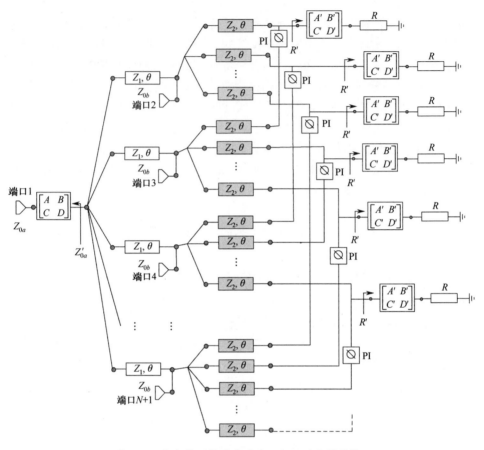

图 5-47　加拓展网络的准对称一分 N 功分器结构

$$R' = \frac{N^2}{4} Z'_{0a} \qquad (5\text{-}126)$$

得

$$R' = \frac{A'R + B'}{C'R + D'} = \frac{A' \dfrac{N^2}{4} Z_{0a} + B'}{C' \dfrac{N^2}{4} Z_{0a} + D'} = \frac{N^2}{4} \frac{A'Z_{0a} + \dfrac{4}{N^2} B'}{C' \dfrac{N^2}{4} Z_{0a} + D'} = \frac{N^2}{4} Z'_{0a} \qquad (5\text{-}127)$$

比较式（5-127）和式（5-124），可得隔离电阻拓展网络与输入端拓展网络级联矩阵的关系为

$$A' = A \qquad (5\text{-}128a)$$

$$B' \frac{4}{N^2} = B \qquad (5\text{-}128b)$$

$$C'\frac{N^2}{4} = C \qquad (5\text{-}128\text{c})$$

$$D' = D \qquad (5\text{-}128\text{d})$$

进一步，式（5-128a）～式（5-128d）可以写为

$$A' = A \qquad (5\text{-}129\text{a})$$

$$B' = \frac{N^2}{4}B \qquad (5\text{-}129\text{b})$$

$$C' = \frac{4}{N^2}C \qquad (5\text{-}129\text{c})$$

$$D' = D \qquad (5\text{-}129\text{d})$$

因此，图 5-47 加拓展网络的准对称一分 N 功分器则变为图 5-48 所示加拓展网络的准对称一分 N 功分器。

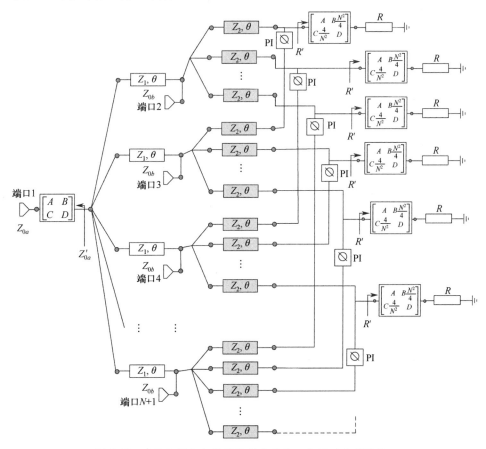

图 5-48　在输入端加拓展网络的准对称一分 N 功分器结构

在图 5-48 中，要满足理想隔离条件，隔离电阻和分支线特性阻抗当然要满足式（5-101b）和式（5-101c）两个条件。

例 5-11　设计在输入端口加阻抗匹配网络的超宽带一分三功率分配器。

如图 5-49 所示的一分三功分器结构，输入/输出端口阻抗均为 Z_0，即有 $Z_{0a} = Z_{0b} = Z_0$。在输入端口加了一段特性阻抗为 Z_m 的 $\lambda/4$ 匹配段，为了保持理想隔离，在三个隔离电阻前各加了一段特性阻抗为的 Z_r 的 $\lambda/4$ 匹配段。

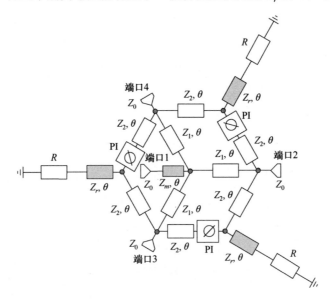

图 5-49　在输入端口和隔离电阻处加匹配变换器

输入端口匹配网络级联矩阵为

$$\begin{bmatrix} A & B \\ C & D \end{bmatrix} = \begin{bmatrix} \cos\theta & \mathrm{j}\sin\theta Z_m \\ \dfrac{\mathrm{j}\sin\theta}{Z_m} & \cos\theta \end{bmatrix} \tag{5-130}$$

由式（5-129），可得隔离电阻匹配网络级联矩阵为

$$\begin{bmatrix} A' & B' \\ C' & D' \end{bmatrix} = \begin{bmatrix} \cos\theta & \mathrm{j}\sin\theta Z_r \\ \mathrm{j}\dfrac{\sin\theta}{Z_r} & \cos\theta \end{bmatrix} = \begin{bmatrix} \cos\theta & \mathrm{j}\dfrac{9}{4}\sin\theta Z_m \\ \mathrm{j}\dfrac{4}{9}\dfrac{\sin\theta}{Z_m} & \cos\theta \end{bmatrix} \tag{5-131}$$

由式（5-130），可得

$$Z_r = \frac{9}{4} Z_m \tag{5-132}$$

结合式（5-101），可得如图 5-49 所示一分三功分器满足理想隔离和准对称的条件（式 5-132），即

$$Z_2 = \frac{3}{2} Z_1 \tag{5-133a}$$

$$R = \frac{9}{4} Z_{0a} \tag{5-133b}$$

$$Z_r = \frac{9}{4} Z_m \tag{5-133c}$$

满足理想隔离条件和准对称条件后，剩下的问题就是求解阻抗匹配段的特性阻抗的问题，即 Z_1 和 Z_m 两参数的取值。注意，$Z_1 = \sqrt{N}\sqrt{Z_{0a}Z_{0b}}$（式（5-101a）所示的端口匹配条件）并没有列出，式（5-101a）所示为单节功分器在中心频点处匹配时的条件，并不适用于该题所述超宽带功分器情形。Z_1 和 Z_m 两个参数的取值可以通过理论计算得出，也可以通过软件优化得出。

在 AWR Microwave Office 软件中建立等效电路仿真模型，优化后，当 $Z_1 = 57\Omega$、$Z_m = 37\Omega$ 时，有如图 5-50 所示频响特性。其他参数如表 5-12 所列。

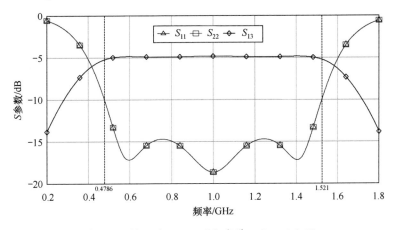

图 5-50　输入端口匹配的超宽带一分三功分器

由图 5-50 所示频响曲线可得出，回波损耗大于 10dB 的相对带宽达 104%，带内插损小于 0.5dB。输入端口和输出端口反射系数模值频响曲线完全重合，符合准对称特性。输出端口间理想隔离。

表 5-12　准对称超宽带一分三功分器设计参数（单位：Ω）

参数	Z_{0a}	Z_{0b}	Z_1	Z_2	Z_m	Z_r	R
值	50	80	57	85.5	37	83.25	112.5

5.5.2　准对称一分 N Gysel 功分器结构拓展 2

5.5.1 节利用在输入端口添加拓展网络，隔离阻抗也配合添加相应拓展网络来拓展准对称一分 N 功分器功能。由准对称性，在各输出端口添加拓展网络，各输入端口保持不变，在保持准对称性的前提下，各输入端口特性也自动更新。因此，得到如图 5-51 所示准对称一分 N Gysel 功分器的第二种拓展结构。

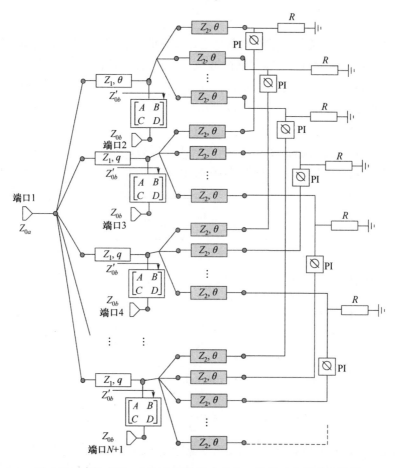

图 5-51　在输出端口加拓展网络的准对称一分 N 功分器最终结构

在图 5-51 中，仅在 N 个输出端口添加了相同的拓展网络，各输出端口等效端口阻抗为 Z'_{0b}。由于输入端口和隔离电阻保持不变，因而，只要满足式（5-101b）和式（5-101c）就可以保持频率无关理想隔离特性，即 $Z_2 = \dfrac{N}{2} Z_1$

和 $R = \dfrac{N^2}{4} Z_{0a}$。而输出口的拓展网络可以是用以带宽展宽的网络，也可以是用来实现双多频的网络，也可以是提高频响特性的滤波网络。

例 5-12　设计在输出端口加阻抗匹配网络的超宽带一分三功率分配器。

如图 5-52 所示一分三功分器结构，输入输出端口阻抗均为 Z_0，即有 $Z_{0a} = Z_{0b} = Z_0$。在输出端口加了一段特性阻抗为 Z_m 的 $\lambda/4$ 匹配段。理想隔离和准对称的条件为

$$Z_2 = \frac{3}{2} Z_1 \tag{5-134a}$$

$$R = \frac{9}{4} Z_{0a} \tag{5-134b}$$

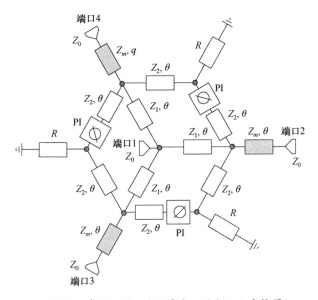

图 5-52　在输入端口和隔离电阻处加匹配变换器

满足理想隔离条件和准对称条件后，剩下的问题就是求解阻抗匹配段的特性阻抗的问题，即 Z_1 和 Z_m 两参数的取值。Z_1 和 Z_m 两参数的取值可以通过理论推导得出，也可以通过软件优化得出。

在 AWR Microwave Office 软件中建立等效电路仿真模型，优化后，当 $Z_1 = 57\Omega$、$Z_m = 37\Omega$ 时，有如图 5-53 所示频响特性。其他参数如表 5-13 所列。

由图 5-53 所示频响曲线可得出，回波损耗大于 10dB 的相对带宽达 92.2%，带内插损小于 0.5dB。输入端口和输出端口反射系数模值频响曲线完全重合，

符合准对称特性。输出端口间理想隔离。例 5-12 带宽比例 5-11 带宽稍窄，但是只用加三段阻抗匹配段，具有结构简单容易实现的优点。

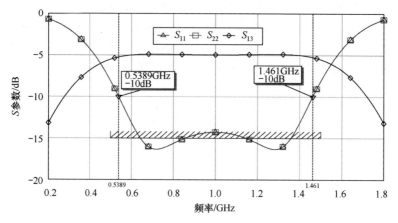

图 5-53　输出端口匹配的超宽带一分三功分器

表 5-13　准对称超宽带一分三功分器设计参数（单位：Ω）

参数	Z_{0a}	Z_{0b}	Z_1	Z_2	Z_m	R
值	50	80	66	99	46	112.5

小　结

　　结构不完全对称而电性能具有的准对称性使得器件尤其是多端口器件在宽带、双多频设计及调试上，具有很大优势。而不同于无耗互易的二端口器件自动满足该准对称性，多端口器件需要对结构性参数之间的关联进行构造。本章主要给出了准对称多路功分器的构造。当然，该准对称构造方法也适用于其他多端口器件的设计，如由四个魔 T 构成的双面单脉冲和差器及由环形电桥及分支线定向耦合器组成的六端口电路中。

第6章 倒相器技术

前面几章研究的各种器件的等效电路结构中，都是基于理想倒相器进行的研究。在实际电路中，必须用实际倒相器代替理想倒相器。因此要应用前面几章介绍的采样法、谐波法来实现各种宽带、多频、大功分比等特性，倒相器的工程实现成为了必须要解决的问题。已有基于微带-CPW[36, 38]、双面平行带线[40]、共面带线[43]等倒相器结构。本章研究基于微带-槽线、基于双面平行带线、基于级联分支线的各种用于工程实际的具体倒相器，给出结构及工作特性。

6.1 半波长传输线倒相器

在实际上，最常见的倒相器就是半波长传输线，如用于传统环形电桥和 Gysel 功分器中的半波长传输线。图 6-1 所示为半波长倒相器及参考线的 AWR Mirowave office 等效电路仿真模型，图 6-2 所示为倒相器相对相移特性曲线，可以看出，$180° \pm 10°$ 的相对带宽为 11%。因此，传统的环形电桥工作带宽也基本为百分之十几。

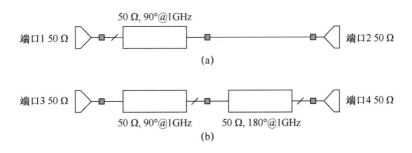

图 6-1 半波长传输线及参考线

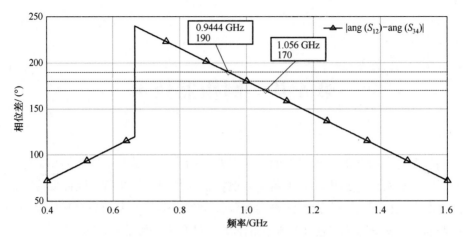

图 6-2　半波长传输线倒相器带宽特性

6.2　微带-槽线宽带倒相器

文献[35]介绍的接地板开槽的微带倒相器，槽线总长为半波长线。倒相器结构较简单，具有 1.93∶1 的带宽，带内插入损耗小于 1dB，相对相移小于 160°。本节研究一种采用交指线、开槽接地板及金属化孔的新型宽带微带倒相器，结构如图 6-3（a）所示。新型微带倒相器采用金属化孔将交指的微带线分别与槽两边的接地板相连，实现了电力线的反转，槽两侧的扇形短路腔是为了获得宽带匹配（也可采用圆形腔）。图 6-3（b）所示为参考微带线。

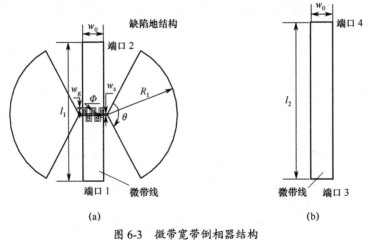

(a)　　　　　　　　　　　　　　　(b)

图 6-3　微带宽带倒相器结构

（a）微带宽带倒相器结构；（b）参考微带线结构。

图 6-3（a）等效电路模型如图 6-4 所示，由电感 L_0、L_2、L_3 和 L_1、C_1 并联谐振回路及两端传输线串联而成。串联电感 L_2、L_3 对应着垂直于介质板的金属化孔引起的反射及延迟效应，L_1、C_1 并联谐振回路对应着接地板上的扇形短路槽腔，在中心频点，等效为开路，实现理想倒相。集总参数值可从 EM 仿真结果中提取出。

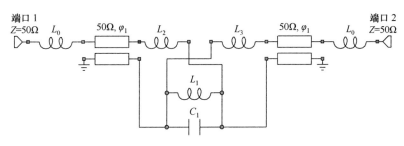

图 6-4　超宽带微带倒相器集总参数等效电路

设计制作了中心频点 $f_0 = 4\text{GHz}$ 的超宽带微带倒相器。选用相对介电常数为 2.2、介质厚度等于 1mm、$\tan\delta = 0.002$ 的介质板。电路设计参数如表 6-1 所列。

表 6-1　超宽带微带倒相器设计参数（单位：mm）

参数	w_0	w_s	w_g	R_1	Φ	l_1	l_2
值	3.1	0.2	0.2	10.5	0.3	20.0	22.0

对应等效电路集总参数值为 $L_0 = 0.1692\text{pH}$、$L_1 = 11.7329\text{pH}$、$C_1 = 0.2599\text{pF}$、$L_2 = L_3 = 0.1558\text{pH}$。正因为金属化孔的电感延迟效应，参考微带线的物理长度 l_2 比含倒相器的微带线长度延长介质板厚度的两倍。

倒相器采用底馈的方式。采用 Ansoft ensemble 8.0 软件仿真。图 6-5 表明等效电路仿真结果与 Ansoft ensemble 8.0 仿真结果一致性很好。图 6-5（a）中插入损耗的区别是由于接地板上短路槽腔的辐射较大引起。仿真结果表明倒相器在 1.772～6.916GHz 的频带范围内（相对带宽达 118.4%），插入损耗小于 1dB，相移误差小于 10°。

超宽带微带倒相器实物如图 6-6 所示。图 6-6（a）为正面图，图 6-6（b）为背面图，参考微带线加工在同一块介质板上，为了尽可能地减小接头装配不一致带来的插入相移误差，都采用底馈的方式。

采用 HP8719E 矢量网络分析仪测试。测试及 EM 仿真结果对比图如图 6-7 所示。图 6-7（a）所示为包括 SMA 接头损耗、传输线损耗等在内两端口器件的插入损耗，图 6-7（c）所示为插入损耗为参考均匀传输线损耗与交指传输线损耗之差（dB），即扣除接头、传输线等损耗后倒相交指不连续结构引入的损耗。测试及仿真结果吻合的很好。测试结果表明倒相器在 2.065～6.682GHz 的频带范围内（相对带宽达 105.6%），插入损耗小于 1dB，相移误差小于 10°。而且，如果不考虑插入损耗的话，相移误差小于 10° 的频带还可向高端极大的延伸。也即插入损耗限制了倒相器的带宽，通过降低槽腔的辐射损耗可以进一步拓宽微带倒相器带宽。

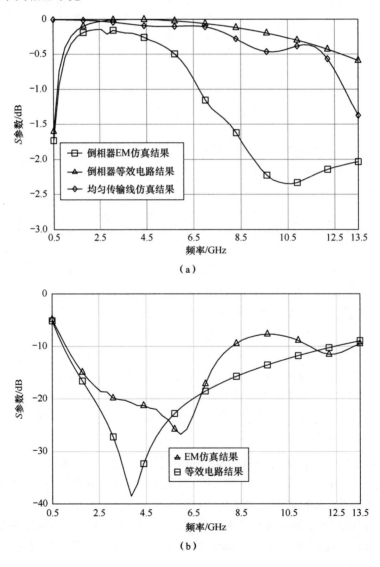

（a）

（b）

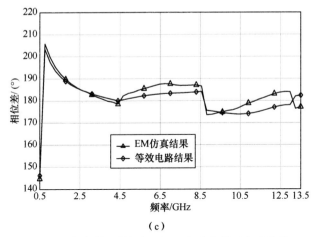

（c）

图 6-5　超宽带微带倒相器 EM 仿真与等效电路结果

（a）插入损耗；（b）回波损耗；（c）相对相移。

（a）　　　　　　　　　　　　　　（b）

图 6-6　超宽带微带倒相器及参考微带线实物图

（a）正面；（b）背面。

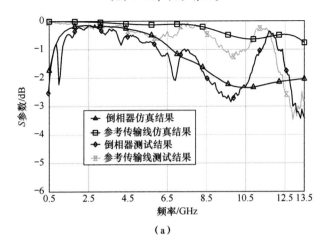

（a）

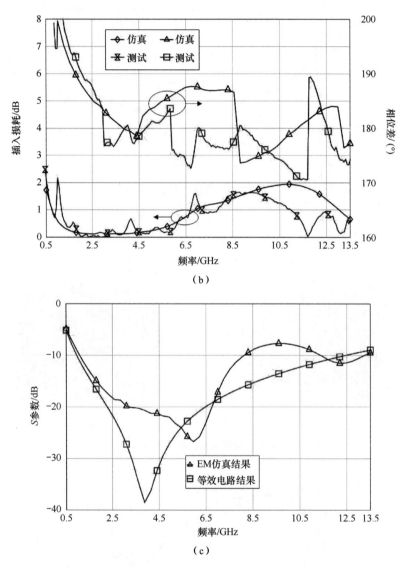

图 6-7　超宽带微带倒相器测试结果

（a）插入损耗；（b）回波损耗；（c）插入损耗及相对相移。

6.3　宽带单面微带倒相器

6.2 节提出的超宽带微带倒相器为双面电路，当带宽要求不是很高时，可

以采用更为简单的宽带微带倒相器。文献[35]提出了一种宽带的微带环形电桥，其中的倒相器采用类似 90°分支电桥的级联分支展宽带宽，其结构如图 6-8 所示。图中三端口电路可以实现 $\left|\arg(S_{21}) - \arg(S_{31})\right| = 180°$，即实现倒相功能。

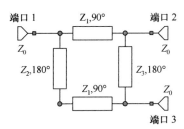

图 6-8　宽带单面微带倒相器结构

图 6-8 所示宽带单面微带倒相器参数较多，可采用多变量优化法设计电路参数。图 6-9 给出了 $Z_1 = Z_2 = 62\Omega$，$Z_3 = 22\Omega$ 时倒相器的仿真结果。图 6-9（a）为相对相位差频响曲线，并与传统的半波长传输线倒相器倒相带宽进行了比较。可见，新型微带宽带倒相器相对相移小于 10°的相对带宽为 48%，而传统的半波长传输线相对带宽仅为 11%。图 6-9（b）表明幅度不平衡性小于 0.3dB 的相对带宽为 54%。

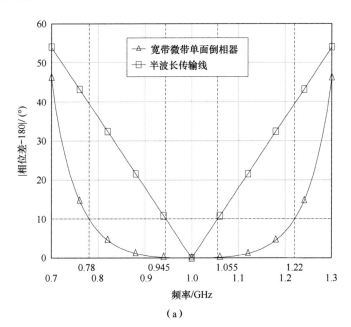

（a）

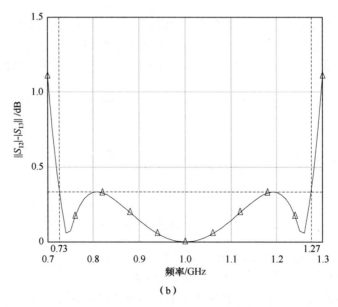

（b）

图 6-9　宽带单面微带倒相器设计结果

（a）相对相移；（b）幅度平衡。

　　宽带单面微带倒相器相对带宽为 48%，而文献[35]设计基于宽带单面微带倒相器的新型环形电桥相对带宽为 50%左右，达到了单面微带环形电桥电路可实现的比较宽的带宽。

6.4　超宽带双面平行带线倒相器的结构及设计

　　6.2 节提出的超宽带微带倒相器需要在接地板上开扇形槽腔，会占用接地板较大的面积。本节研究基于双面平行带线（Double Sided Parallel-Strip Line，DSPSL）的超宽带倒相器。DSPSL 结构如图 6-10 所示，是由设计在电介质衬底正反表面上的两个相同的导带所构成，结构最早由 Wheeler 于 1964 年提出，并利用保角映射法进行了分析[72]，Rochelle 进一步完善了分析理论[73]。导带上信号大小相等、相位相反，是典型的双面平衡传输线。与典型的单面平衡传输线槽线及共面带线（CPS）相比，DSPSL 正受到越来越多的关注，其优势也越来越明显。DSPSL 结构可看作是介质板中间虚地结构的两层微带线背靠背相接，因此厚度为 h 的 DSPL 特性阻抗近似为等宽厚度为 $h/2$ 的微带线特性阻抗的 2 倍。DSPSL 可以用传统的 PCB 工艺实现；与微带线、槽线及 CPS 相比，可以容易的实现宽范围的阻抗线；更适合双面微波集成电路（MIC）等。基于 DSPSL 的各种无源[74-78]及有源电路[79]上的研究已经表明 DSPSL 具有巨大的潜力。

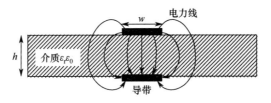

图 6-10　DSPSL 横截面图

　　香港城市大学的学者提出了一种超宽带 DSPSL[78]倒相器，由上、下表面两交指带线交叉连接构成。这里对这种结构进行了研究，这种倒相器具有很宽的相位倒置带宽，唯一限制其性能的是插入损耗。插入损耗主要由交指处结构突变带来反射引起，在等效电路中对应着电感引起的反射。随着交指数的增大，等效的电感减小，引起的反射减小，插入损耗减小。二交指、三交指、五交指的 DSPSL 倒相器结构如图 6-11 所示，对应的插入损耗如图 6-12 所示。由图 6-12（a）可明显地看出随着交指数的增多，衰减减小。当然，交指数不可能无限增加，金属化孔直径受到工程加工的限制。五交指 DSPSL 倒相器相对相移如图 6-12（b）所示。

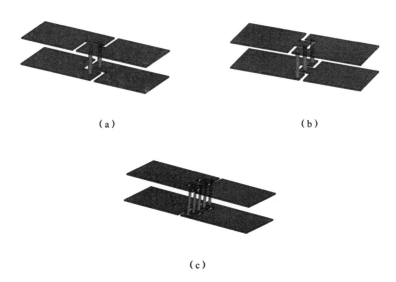

（a）

（b）

（c）

图 6-11　DSPSL 倒相器的不同结构
（a）二交指；（b）三交指；（c）五交指。

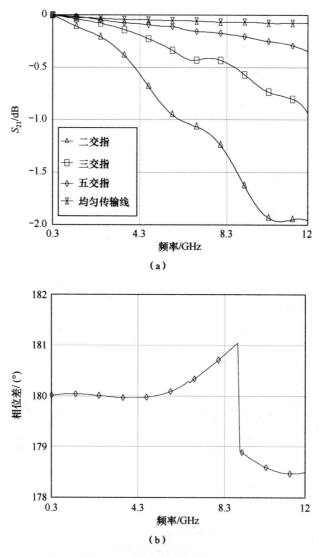

图 6-12　DSPSL 倒相器仿真结果

（a）插入损耗；（b）5 交指相对相移。

　　图 6-12 表明，当频率小于 12GHz 时，五交指的 DSPSL 倒相器插入损耗小于 0.5dB，相移差小于 2°，具有非常好的性能。而用第 2 章提出的中心频点准最优法设计环形电桥及功分器时，会降低传输线特性阻抗，对应的 DSPSL 带线的宽度变宽，更易于实现多交指结构。

6.5 微带–槽线双频倒相器

6.2 节的微带–槽线宽带倒相器的宽带特性主要由接地板上的扇形短路的宽带特性决定。相应地，如果接地板槽线为双频谐振结构，则倒相器也具有双频特性。微带–槽线双频倒相器结构如图 6-13 所示。接地板上左右对称分别开两个长度不等的对称短路支节。短路支节长度分别为相应谐振波长的 1/4。

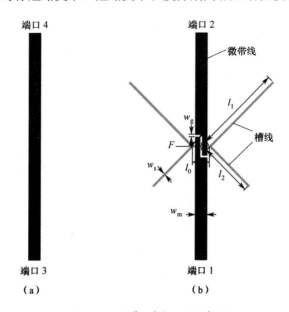

图 6-13 微带–槽线双频倒相器

该倒相器结构由上层金属微带线、下层开槽接地板和两个金属通孔组成，其中金属化孔将交指的微带线与槽两边的接地板相连接，实现了电力线的反转，实现了反相性能。接地板上的短路槽线支节控制两个工作频点。图 6-14 所示为从倒相器槽线中心点向左右任何一方看过去的输入阻抗的等效电路模型。

短路槽线支节结构相当于谐振器的作用，同时，由于接地板上电压分布，两节槽线短路支节相当于串联，与微带线的情况正好相反。槽线特性阻抗为 Z_{ss}，两个短路槽线支节电长度分别为 λ_1 和 λ_2，$\theta_1 = \beta_s l_1$，$\theta_2 = \beta_s l_2$。根据图 6-14，由短路线输入阻抗计算公式，可以得出两个槽线短路支节的输入阻抗为

$$Z_{in1} = jZ_{ss}\tan\theta_1 \qquad (6\text{-}1a)$$

$$Z_{in2} = jZ_{ss}\tan\theta_2 \qquad (6\text{-}1b)$$

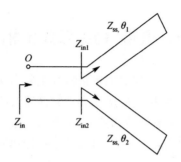

图 6-14　双频微带倒相器槽线等效电路

与微带线重合的槽线较短，为了便于计算，我们忽略其影响（$l_0 \rightarrow 0$），因此槽线从中心点向左右任意一边看过去的总输入阻抗为

$$Z_{in} = Z_{in1} + Z_{in1} = jZ_{ss} \tan \theta_1 + jZ_{ss} \tan \theta_2 \tag{6-2}$$

由谐振条件 $Y_{in} = 0$，即 $Z_{in} = \infty$，再考虑式（6-2），可得

$$\theta_1 = (2n-1)\frac{\pi}{2}, \qquad n = 1,2,3,\cdots \tag{6-3a}$$

$$\theta_2 = (2m-1)\frac{\pi}{2}, \qquad m = 1,2,3,\cdots \tag{6-3b}$$

式中：n、m 取不同的值，对应不同的谐振频率。

在一般情况下，为了获得最小尺寸，通常选择第一个谐振模式，即取 $n=1$、$m=1$，则可得出双频倒相器双频谐振器的尺寸：

$$l_1 = \frac{1}{4}\lambda_1 \tag{6-4a}$$

$$l_2 = \frac{1}{4}\lambda_2 \tag{6-4b}$$

式中：λ_1 和 λ_2 为两个工作频率对应的槽线导波波长。

例 6-1　设计两款微带-槽线双频倒相器，频点分别为 1.5GHz/2.5GHz 和 3GHz/5GHz。

选用相对介电常数为 2.2，厚度为 0.8mm 的介质板构造该双频倒相器。微带线特性阻抗为 50Ω，对应微带线的线宽为 w_m=2.46mm；槽线的特性阻抗约为 85Ω，对应地板槽线的线宽 w_s=0.2mm，表 6-2 为倒相器最终的设计参数，仿真软件为 Ansoft HFSS 13.0。得到的仿真结果如图 6-15 和图 6-16 所示。

工作在 1.5GHz 和 2.5GHz 的双频微带倒相器，其仿真结果如图 6-15 所示。所设计的倒相器在 1.37～1.59GHz 频率范围内，回波损耗大于 15dB，插入损耗

$|S_{12}|<1.4$dB，相移误差（$|\angle|S_{12}|-\angle|S_{34}|-180°|$）$<7°$；在 2～2.85GHz 频率范围内，回波损耗大于 15dB，插入损耗$|S_{12}|<1.14$dB，相移误差（$|\angle|S_{12}|-\angle|S_{34}|-180°|$）$<15°$。

表 6-2　微带–槽线双频倒相器设计参数（单位：mm）

参数	频率/GHz	w_{m}	w_{s}	w_{g}	l_0	l_1	l_2
值	1.5/2.5	2.46	0.2	0.2	0.6	41	27.4
	3/5	2.46	0.2	0.2	0.6	21.2	13

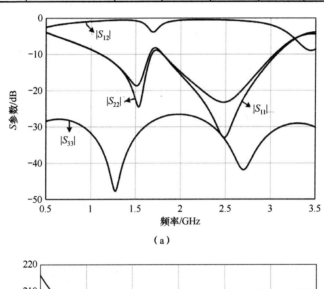

（a）

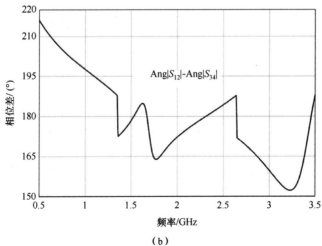

（b）

图 6-15　倒相器仿真结果（1.5GHz，2.5GHz）

（a）$|S_{11}|$，$|S_{12}|$，$|S_{33}|$，$|S_{22}|$；（b）相位不平衡性。

工作在 3GHz 和 5GHz 的双频微带倒相器，其仿真结果如图 6-16 所示。其中图 6-16（a）所示为倒相器的回波损耗及插入损耗，图 6-16（b）中实线展示的是当对比传输线的长度比带倒相器传输线长两倍介质板厚度时的相位不平衡性，虚线展示的是当对比传输线和带倒相器传输线长度相同时的相位不平衡性。可以得出设计的倒相器在 2.55～3.17GHz 频率范围内，回波损耗大于 15dB，插入损耗$|S_{12}|$<0.79dB，相移误差（$\left| \angle |S_{12}| - \angle |S_{34}| - 180° \right|$）<4.5°；频率在 4.41～5.89GHz 范围内，回波损耗大于 15dB，插入损耗$|S_{12}|$<0.7dB，相移误差（$\left| \angle |S_{12}| - \angle |S_{34}| - 180° \right|$）<9.5°。

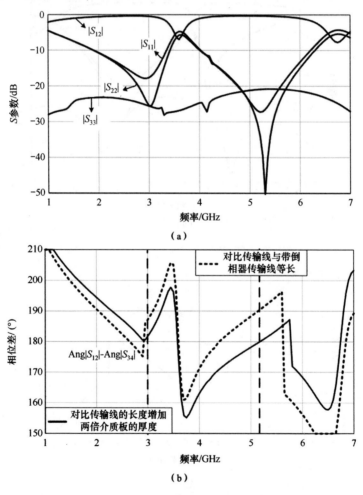

（a）

（b）

图 6-16 倒相器仿真结果（3GHz，5GHz）

（a）$|S_{11}|$，$|S_{12}|$，$|S_{33}|$，$|S_{22}|$；（b）相位不平衡性。

6.6　微带多频倒相器

本节研究一款微带五频倒相器，也可以实现三频，可以方便地用单面电路实现。结构如图 6-17 所示。类似于实现双频阻抗变换器的 T 型结构，但设计自由度更多。共有四个自由度，分别是传输线特性阻抗 Z_a、Z_b 和 Z_c，还有传输线的电长度 θ。

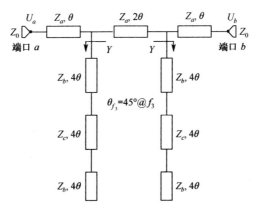

图 6-17　新型五频倒相器（180° 传输线）

设 f_1、f_2、f_3、f_4、f_5 为该五频倒相器的五个工作频点；θ_{f_1}、θ_{f_2}、θ_{f_3}、θ_{f_4}、θ_{f_5} 为对应传输线在五个频率点处的电长度，而且 $\theta_{f_3} = 45°@f_3$；U_a、U_b 为端口 a 和端口 b 的电压波；Z_a、Z_b、Z_c 对应传输线的特性阻抗；Y 为枝节线的输入导纳；Z_0 为端口阻抗。

图 6-17 所示二端口微波网络的矩阵为

$$
\begin{bmatrix} A & B \\ C & D \end{bmatrix} =
\begin{bmatrix} \cos\theta & jZ_a\sin\theta \\ j\dfrac{1}{Z_a}\sin\theta & \cos\theta \end{bmatrix}
\begin{bmatrix} 1 & 0 \\ jY & 1 \end{bmatrix}
\begin{bmatrix} \cos 2\theta & jZ_a\sin 2\theta \\ j\dfrac{1}{Z_a}\sin 2\theta & \cos 2\theta \end{bmatrix}
$$
$$
\begin{bmatrix} 1 & 0 \\ jY & 1 \end{bmatrix}
\begin{bmatrix} \cos\theta & jZ_a\sin\theta \\ j\dfrac{1}{Z_a}\sin\theta & \cos\theta \end{bmatrix}
\tag{6-5}
$$

其中

$$
Y = \frac{1}{Z_b} \frac{2Z_bZ_c + Z_b^2 - Z_c^2\tan^2 4\theta}{Z_bZ_c - \left(Z_b^2 + Z_c^2 + Z_bZ_c\right)\tan^2 4\theta}\tan 4\theta
\tag{6-6a}
$$

$$A = D = -\frac{\left(Y^2 - 4Z_a^2\right)\cos 4\theta + Y(Y - 4Z_a \sin 4\theta)}{4Z^2} \tag{6-6b}$$

$$B = -\mathrm{j}\cos\theta \frac{\left\{-2YZ_a\cos 3\theta + \left[Y^2 + \left(Y^2 - 4Z_a^2\right)\cos 2\theta\right]\sin\theta\right\}}{Z_a} \tag{6-6c}$$

$$C = \mathrm{j}\sin\theta \frac{\left[\left(Y^2 + 4Z_a^2\right)\cos\theta - \left(Y^2 - 4Z_a^2\right)\cos 3\theta - 4YZ_a\sin 3\theta\right]}{2Z^3} \tag{6-6d}$$

根据矩阵 A、B、C、D 的性质有端口 a 和端口 b 电压波 U_a、U_b 有如下关系：

$$\frac{U_a}{U_b} = A + \frac{B}{Z_0} = D + Z_0 C \tag{6-7}$$

对于倒相器，端口 a 和端口 b 的电压波 U_a、U_b 相位差为 $180°$，U_a/U_b 应为实数，综合式（6-6）和式（6-7）可得当满足下面式（6-8）时图 6-17 实现倒相：

$$n_a \frac{1 + 2n_c - n_c^2 \tan^2 4\theta}{n_c - \left(1 + n_c + n_c^2\right)\tan^2 4\theta}\tan 4\theta - \frac{2}{\tan 2\theta} = 0 \tag{6-8}$$

其中

$$n_a = \frac{Z_a}{Z_b} \tag{6-9a}$$

$$n_c = \frac{Z_c}{Z_b} \tag{6-9b}$$

显然，在式（6-9a）和式（6-9b）中，因为在 f_3 处，$\theta = \theta_{f_3} = 45°$。所以，式（6-8）左、右两侧相等成立，因此 f_3 为一个工作频点。此时。考虑正切函数的对称性，在 f_3 两边必存在成对的频点，由于式（6-9）有两个未知数 n_a、n_c，因此可以独立控制两对频点，从而该倒相器有五个工作频点，如图 6-18 所示。五频点在频率轴上的相对位置如图 6-19 所示。

如图 6-19 所示为五个频点的相对关系位置图。f_1 和 f_5、f_2 和 f_4 为两对关于 f_3 对称的工作频率，因此只需确定 f_1 和 f_2，即可确定 f_4 和 f_5。即五个频点不是任意的五频，但可实现任意的三频（f_1、f_2 和 f_3）。各频点关系式为

$$f_3 = \frac{1}{2}(f_1 + f_5) = \frac{1}{2}(f_2 + f_4) \tag{6-10}$$

将式（6-10）代入式（6-8），可得

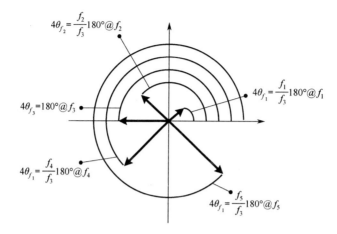

图 6-18　式（6-8）包括的五个工作频点

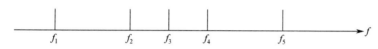

图 6-19　五个频点的相对关系

$$n_a \frac{1 + 2n_c - n_c^2 \tan^2\left(\dfrac{f_1}{f_3}\pi\right)}{n_c - \left(1 + n_c + n_c^2\right)\tan^2\left(\dfrac{f_1}{f_3}\pi\right)} \tan\left(\frac{f_1}{f_3}\pi\right) - \frac{2}{\tan\left(\dfrac{f_1}{f_3}\dfrac{\pi}{2}\right)} = 0 \qquad （6\text{-}11）$$

$$n_a \frac{1 + 2n_c - n_c^2 \tan^2\left(\dfrac{f_2}{f_3}\pi\right)}{n_c - \left(1 + n_c + n_c^2\right)\tan^2\left(\dfrac{f_2}{f_3}\pi\right)} \tan\left(\frac{f_2}{f_3}\pi\right) - \frac{2}{\tan\left(\dfrac{f_2}{f_3}\dfrac{\pi}{2}\right)} = 0 \qquad （6\text{-}12）$$

根据式（6-11）和式（6-12），可编程解得 n_a、n_c 的值，进而由式（6-8）、式（6-9a）和式（6-9b）得出传输线阻抗值，进而设计出五频倒相器。

例 6-2　设计一款五频倒相器，频点为 0.8GHz、1.4GHz、1.8GHz、2.2GHz 和 2.8GHz。

选用相对介电常数为 4.3，厚度为 1.5mm 的介质板构造该双频倒相器。通过式（6-11）和式（6-12）可以计算出 $n_a = 0.75$、$n_c = 1.6$，也就是说 $Z_a = 0.75Z_b$、$Z_c = 1.6Z_b$。通过 AWR 仿真软件可以对 Z_b 的值进行扫描，发现其对五个频点带宽的影响如图 6-20 所示，通过综合分析可以选取 $Z_b = 45\Omega$。从而最终有 $Z_a = 33.75\Omega$、$Z_c = 72.0\Omega$。制作的实物如图 6-21 所示，左边为五频倒相器，右边为参考线。利用 MWOffice AWR 软件对该倒相器的反射系数仿真如图 6-22 所示。利用 Ansoft HFSS 13.0 和 AV3672 矢网仪进行全波仿真和测试，得到的仿真和实测结果如图 6-23 所示。

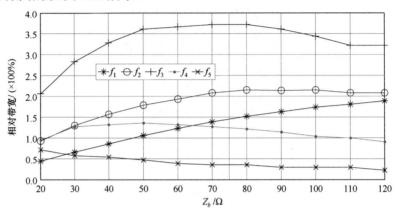

图 6-20 Z_b 对五个频点带宽的影响

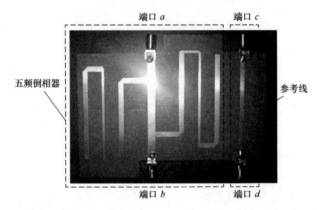

图 6-21 工作在 0.8GHz、1.4GHz、1.8GHz、2.2GHz 和 2.8GHz 的五频倒相器

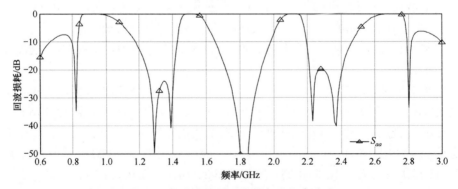

图 6-22 五频倒相器回波损耗的仿真结果

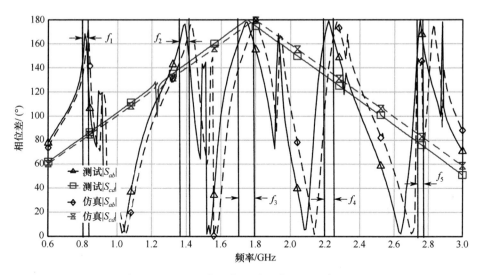

图 6-23　五频倒相器相位差的实测与仿真结果

小　　结

倒相器的工程实践是上述环形电桥、一分 N 功分器设计的关键技术问题。可充分利用各种传输线技术实现宽带/双频/多频的结构。

第 7 章　新型多频器件

双/多频器件实现方法主要分为两种，用双/多频阻抗变换器代替单频阻抗变换器的替换法和端口等效导纳法。相比之下，两者出发点不同，各具特点。替换法原理简单，重点在于双/多频阻抗变换器的实现。对于需要较多数量阻抗变换器的器件来说，这种方法实现的双/多频器件总体结构会比较复杂，电路的合理及紧凑布局会比较困难。端口等效导纳法从端口外部特性出发，在端口处加载一定双/多频匹配电路，实现双/多频特性。这种方法较适合于端口对称器件。由于对称性，端口加载的匹配电路结构及参数可以一致。而对端口不具对称性的器件用该法实现双/多频时，端口加载的匹配电路参数不相同，增大了分析设计的困难。本章基于前面第 3 章采样法及第 6 章倒相器技术，研究三种新型多频器件的实现方法。该三种方法分别是极简三频端口等效导纳法、宽带基础上的倒相器采样法以及宽带基础上的端口加载法，并分别举例实现双/多频环形电桥。

7.1　极简三频端口等效导纳法

5.4.3 节得出了双频单节一分 N 功分器参数须满足的如式（5-117）所示的条件。意味着单节一分 N 功分器隐含着双频特性。即虽然一分 N 功分器的阻抗变换段为均匀的单频阻抗变换段，但构成的一分 N 功分器在满足式（5-117）后却具有了双频特性。可以设想，如果将均匀的单频阻抗变换段替换为双频阻抗变换段，则对应每个阻抗变换段频点，一分 N 功分器将会具有双频特性。对应两个阻抗变换段频点，一分 N 功分器将具有四频（或多频）特性。从单节单频到单节双频再到四频的变换总过程如图 7-1 所示。由图可以看出，从经典单频到四频可概括为"一生二、二生四"的"哲学"过程；而产生的四个频点 f_1 与 f_2、f_3 与 f_4 具有对称性，因此，考虑到多频器件频点的任意性，仅有三个频点可独立设计，f_4 由 f_3 决定，因此，实质上为三频结构。

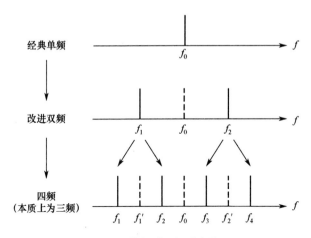

图 7-1　单频到四频的变换

　　下面讨论一种基于 π 型双频阻抗变换的四频结构。图 7-2（a）所示为基于理想倒相器的一分 N 功分器，其中，参数须满足式（5-117），为了分析方便，重写为式（7-1）。图 7-2（b）所示为基于加载枝节的 π 型双频阻抗变换，图 7-2（c）所示为将图 7-2（b）所示加载枝节的 π 型结构替换图 7-2（a）中所有阻抗变换段后最终的新型多频一分 N 功分器结构图。比较图 7-2（c）和图 7-2（a）可以看出，两个结构都基于理想倒相器，结构极为相似，区别在于图 7-2（c）在输入端口、所有 N 个输出端口和所有隔离电阻前并联特性阻抗分别为 Z_a、Z_b、Z_R 而且电长度均为 90° 的开路枝节。

　　图 7-2（c）需要满足端口准对称性及理想隔离特性，因此只要输入端口实现多频特性，整体一分 N 功分器便具有多频的特性。加之结构极为简单，因此，该方法称为极简三频端口等效导纳法。

　　端口阻抗 Z_{0b}、Z_1、Z_2 和电阻 R 的表达式如下：

$$Z_{0b} = \frac{N^2}{3N-2} Z_{0a} \tag{7-1a}$$

$$Z_1 = \frac{\sqrt{NZ_{0a}Z_{0b}}}{\sqrt{\rho_M}} \tag{7-1b}$$

$$Z_2 = \frac{N}{2} Z_1 \tag{7-1c}$$

$$R = \frac{N^2}{4} Z_{0a} \tag{7-1d}$$

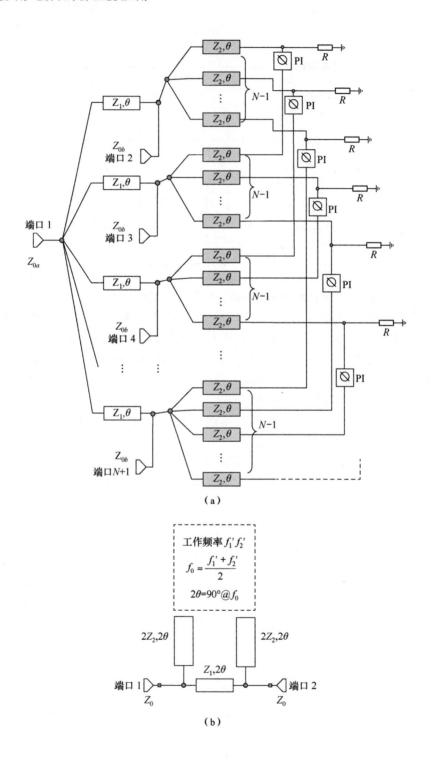

（a）

$$工作频率 f_1' f_2'$$

$$f_0 = \frac{f_1' + f_2'}{2}$$

$$2\theta = 90°@f_0$$

（b）

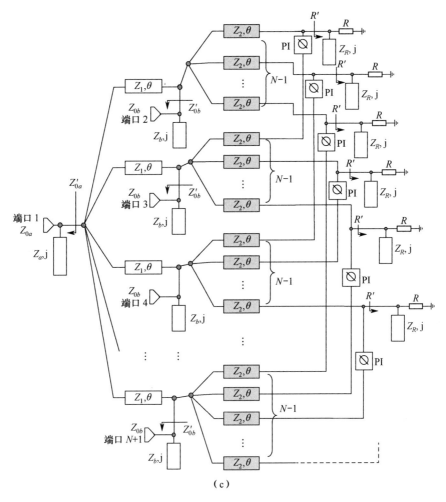

图 7-2　新型多频一分 N 功分器结构图

（a）一分 N 功分器；（b）双频阻抗变换器；（c）枝节加载一分 N 功分器。

为了满足双频、理想隔离和准对称工作特性，需要计算各端口的等效端口阻抗。如图 7-1（c）所示，输入端口等效端口阻抗为 Z_{0a}'，各输出端口等效端口阻抗为 Z_{0b}'，各等效隔离电阻为 R'。为了满足理想隔离条件，在图 7-2（c）中、相应式（7-1c）和式（7-1d）中有对应的公式：

$$Z_2 = \frac{N}{2} Z_1 \tag{7-2}$$

$$R' = \frac{N^2}{4} Z_{0a}' \tag{7-3}$$

要满足双频及准对称工作条件，对应图 7-2（c），相应式（7-1a）和式（7-1b）中有对应的公式：

$$Z'_{0b} = \frac{N^2}{3N-2} Z'_{0a} \tag{7-4}$$

$$Z_1 = \frac{\sqrt{NZ'_{0a}Z'_{0b}}}{\sqrt{\rho_{\mathrm{M}}}} \tag{7-5}$$

考虑到开路枝节的输入导纳，得出各端口等效端口阻抗 Z'_{0a}、Z'_{0b} 及等效隔离电阻 R' 的表达式如下：

$$Z'_{0a} = \frac{1}{Y_{0a} + jY_a \tan\varphi} \tag{7-6}$$

$$Z'_{0b} = \frac{1}{Y_{0b} + jY_b \tan\varphi} \tag{7-7}$$

$$R' = \frac{1}{Y + jY_R \tan\varphi} \tag{7-8}$$

式（7-6）～式（7-8）中，Y_{0a}、Y_{0b} 分别为输入端和 N 个输出端口的端口导纳，Y_a、Y_b 和 Y_R 分别为输入端口、各输出端口及隔离端口处的并联枝节的特性导纳。

由式（7-4）、式（7-6）和式（7-7），可得

$$\frac{1}{Y_{0b} + jY_b \tan\varphi} = \frac{N^2}{3N-2} \frac{1}{Y_{0a} + jY_a \tan\varphi} \tag{7-9}$$

实部虚部分别相等，有

$$Y_{0b} = \frac{3N-2}{N^2} Y_{0a} \tag{7-10}$$

$$Y_b = \frac{3N-2}{N^2} Y_a \tag{7-11}$$

写成阻抗形式，有

$$Z_{0b} = \frac{N^2}{3N-2} Z_{0a} \tag{7-12}$$

$$Z_b = \frac{N^2}{3N-2} Z_a \tag{7-13}$$

由式（7-3）、式（7-6）和式（7-8），可得

$$\frac{N^2}{4} \frac{1}{Y_{0a} + jY_a \tan\varphi} = \frac{1}{Y + jY_R \tan\varphi} \tag{7-14}$$

实部和虚部分别相等，有

$$Y = \frac{4}{N^2} Y_{0a} \tag{7-15}$$

$$Y_R = \frac{4}{N^2} Y_a \tag{7-16}$$

写成阻抗的形式，有

$$R = \frac{N^2}{4} Z_{0a} \tag{7-17}$$

$$Z_R = \frac{N^2}{4} Z_a \tag{7-18}$$

综合以上各式可得出图 7-2（c）四频设计公式如下：

$$Z_2 = \frac{N}{2} Z_1 \tag{7-19a}$$

$$R = \frac{N^2}{4} Z_{0a} \tag{7-19b}$$

$$Z_{0b} = \frac{N^2}{3N-2} Z_{0a} \tag{7-19c}$$

$$Z_b = \frac{N^2}{3N-2} Z_a \tag{7-19d}$$

$$Z_R = \frac{N^2}{4} Z_a \tag{7-19e}$$

$$\theta = \frac{\pi}{2} @ f_0 \tag{7-19f}$$

式（7-19a）～式（7-19c）对应准对称、单节双频及频率无关隔离条件，式（7-19f）对应延续单节结构，环的电长度在中心频点 f_0 处为 90°，由式（7-19a）、式（7-19d）和式（7-19e）可知，对四频（实质为三频）一分 N 功分器结构，已知输入输出端特性阻抗条件下，所需要设计参数有环的特性阻抗 Z_1、枝节特性阻抗 Z_a、枝节电长度 φ。

将图 7-2（c）结构应用于环形电桥四频设计，对应的，有图 7-3 所示新型三频环形电桥结构图。2.1 节已经证明，当环特性阻抗小于 $\sqrt{2}Z_0$ 时，单节环形电桥隐含着双频特性。虽然环形电桥的对应的阻抗变换段为均匀的单频阻抗变换段，但是构成环形电桥后却具有了双频特性。将均匀的单频阻抗变换段替换为双频阻抗变换段，则对应每个阻抗变换段频点，环形电桥具有双频特性。对应两个阻抗变换段频点，环形电桥将具有四频或多频特性。如图 7-3（a）所示为基于理想倒相器的双频环形电桥（其中 $Z_1 \leqslant \sqrt{2}Z_0$），图 7-3（b）所示为基于加载枝节的双频阻抗变换，图 7-3（c）所示为将图 7-3（b）所示结构替换图 7-3（a）中阻抗变换段后的新型多频环形电桥结构图。比较图 7-3（c）和图 7-3（a）可以看出，两者结构都基于理想倒相器，结构极为相似，若取枝节电长度与阻抗变换器电长度一致，即图 7-3（c）仅在四个端口处增加了四个特性阻抗为 Z_2 的 90° 开路支节。因此，整个结构仅有两个待定参数 Z_1 和 Z_2。

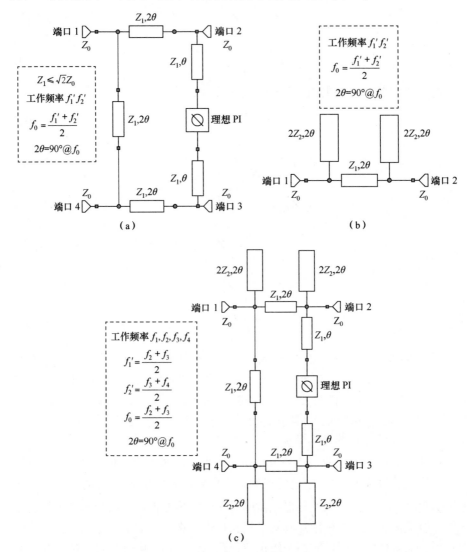

图 7-3　新型三频环形电桥结构图

（a）经典环形电桥；（b）双频阻抗变换器；（c）四频环形电桥。

例 7-1　设计工作频点分别在 0.9/1.8/3.5GHz 的三频环形电桥。

设 f_1=0.9GHz，f_2=1.8GHz，f_3=3.5GHz，有 f_0=（f_2+f_3）/2=2.65GHz，因此图 7-3（c）中 2θ=90°@2.65GHz。

环及枝节的特性阻抗解析解比较困难，由 AWR Microwave Office 等效电路优化可得 Z_1=49Ω，Z_2=37.2Ω。

等效电路仿真结果如图 7-4 所示。由图可以看出，由于加载了开路枝节，实现了 0.9/1.8/3.5GHz 的三频特性。理想倒相器的采用得到了整个频带内的理想隔离。还存在第四个频点 f_4=4.4GHz。但自由设计的频点仅有前三个。

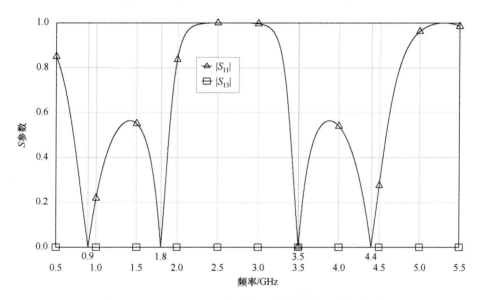

图 7-4　0.9/1.8/3.5GHz 的三频环形电桥反射及隔离特性

例 7-2　设计工作频点分别在 1.8/2.45/5.8GHz 的三频环形电桥。

设 f_1=1.8GHz，f_2=2.45GHz，f_3=5.8GHz，有 f_0=（f_2+f_3）/2=4.125GHz，因此图 7-3（c）中 2θ=90°@4.125GHz。

由 AWR Microwave Office 等效电路优化可得环及枝节的特性阻抗分别为 Z_1=49Ω，Z_2=37.2Ω。

等效电路仿真结果如图 7-5 所示。由图可以看出，由于加载了开路枝节，实现了 1.8/2.45/5.8GHz 的三频特性。理想倒相器的采用得到了整个频带内的理想隔离。

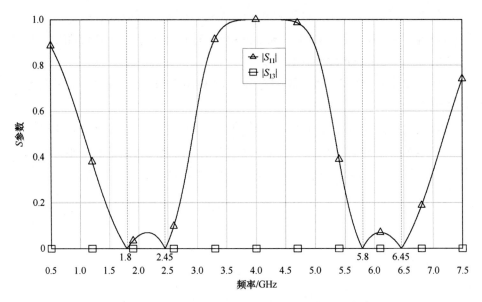

图 7-5　1.8/2.45/5.8GHz 的三频环形电桥反射及隔离特性

7.2　宽带基础上的倒相器采样法

宽带基础上的倒相器采样法有两个要素：第一，首先构造工作带宽包含各工作频点的、基于理想倒相器的宽带结构；第二，双/多频倒相器的设计。用双/多频倒相器替换宽带结构中的理想倒相器即采样来实现双/多频特性。可以看出，该方法的关键是宽带结构及双/多频倒相器的设计。

基于理想倒相器环形电桥具有端口反射特性一致、频率无关隔离的优良特性。单节中心频点准最优设计的相对带宽限制在 100%左右。因此，要进一步展宽带宽，只需做到端口的宽带匹配即可。最为简单的办法就是在基于理想倒相器环形电桥的每个端口处添加一段（或多段）传输线来展宽带宽[33]。图 7-6所示为添加一段匹配段的宽带环形电桥结构。Y_1、Y_2 及 Y_t 为对应传输线的归一化导纳，2θ 为对应传输线在中心频点 f_0 的电长度。

双/多频倒相器的设计是实现采样的关键环节。6.6 节已给出了双频及五频的倒相器结构及工作原理。

例 7-3　设计工作频点分别在 0.8/1.4/1.8/2.2/2.8GHz 的五频环形电桥。

本例用该节所介绍的宽带基础上的倒相器采样法实现。

首先实现基于理想倒相器的宽带结构。为了方便设计和工程制作，选取

$Y_1=Y_2=Y_t=1.414Y_0$，换算为阻抗 $Z_1=Z_2=Z_t=35.36\Omega$，考虑到预采样的最低和最高两个频率为 0.8GHz 和 2.8GHz，选取该宽带环形电桥的中心频点为 1.8GHz。图 7-6 所示的理想等效电路匹配传输频响如图 7-7 所示。由图可以看出，其反射系数模值小于 0.21（对应回波损耗大于 13.55dB）的工作频率为 0.7339～2.861GHz 的频段，相对带宽达到 118%，所有五个工作频点该频段范围内，因此该结构可以作为五个工作频点设计的宽带基础结构。

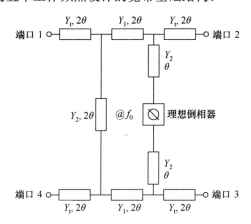

图 7-6 宽带环形电桥的结构图

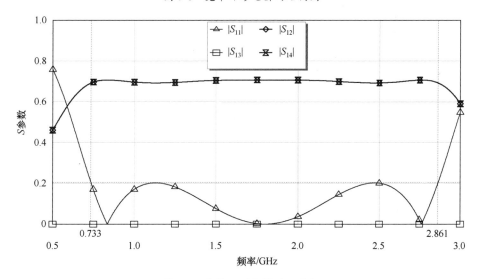

图 7-7 宽带环形电桥的 S 参数

根据 6.6 节原理设计五频微带倒相器，替换图 7-6 中的理想倒相器，即可实现五频环形电桥。五频环形电桥 AWR Microwave Office 等效电路结构如

图 7-8 所示。图 7-9 所示为五频环形电桥散射参数频率响应曲线，由图可以看出，该结构实现了五频特性。

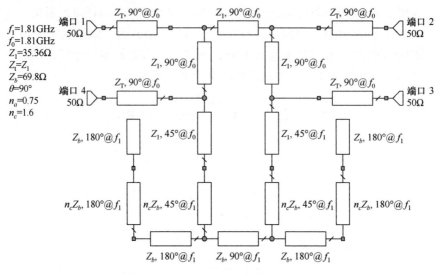

图 7-8　五频环形电桥等效电路

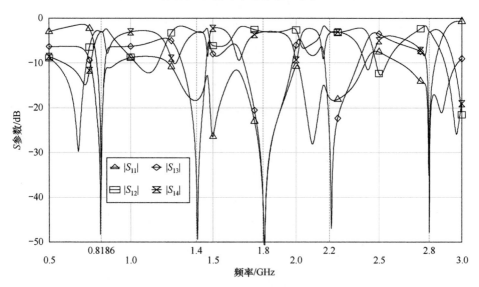

图 7-9　五频环形电桥散射参数

由图 7-8 五频结构可以看出，结构的复杂度主要体现在五频倒相器的实现上，而宽带基础仅需在四个端口加均匀传输线即可。另外，多频倒相器与多频阻抗变换器相比，仅有插入相移的需求，没有等效特性阻抗的需求，而多频阻抗变换器既要满足特定的插入相移，还要有相应等效的特性阻抗值。因此，该方法与传统用多频阻抗变换器代替单频阻抗变换器实现多频的方法相比，具有结构简单、实现容易的优势。

另外，观察该五频倒相器，其后面两个频率是由前三个频率决定的，所以该五频倒相器的前三个频率是任意的。若充分利用采样法的优势，即可实现任意频率比的三频器件设计。此时仅需控制宽带原型的带宽，使其不包含五频倒相器的后两个频率即可。

例 7-4　利用该五频倒相器，设计一个 0.9GHz、1.9GHz 和 2.45GHz 的三频环形电桥。

此时在五频倒相器中，设 f_3=2.45GHz，Z_0=50Ω、x=0.7，首先从式（6-8）中计算出 n_a=2.02、n_c=2.88，则 Z_a=2.02Z_b、Z_c=2.88Z_b，如图 7-10（a）所示；然后利用微波仿真软件 AWR 计算出 Z_b 在此时对于前三个频段带宽的影响，如图 7-10（b）所示。

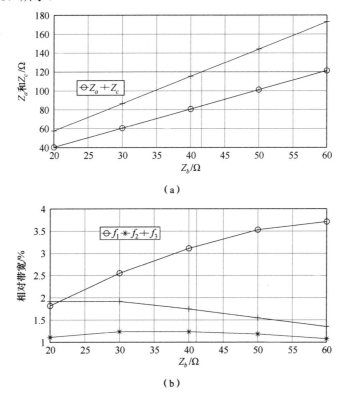

（a）

（b）

图 7-10　仅采样五频倒相器前三个频率为 0.9GHz、1.9GHz 和 2.45GHz 时参数间关系
（a）Z_a 和 Z_c 随着 Z_b 的变化；（b）各频率相对带宽随 Z_b 的变化。

考虑到工程实际中微带线特性阻抗的可实现范围为 20～120Ω，从图 7-10（a）中可以看出 Z_b 的可选取范围为 20～41Ω，结合图 7-10（b），此时可选取 Z_b=36Ω 达到三个频率带宽最优的效果。使用介电常数为 4.3，厚度为 1.5mm 的介质板，制作三频环形电桥实物如图 7-11（a）所示，具体物理参数如表 7-1 所列（物理参数含义如图 7-11（b）所示）。使用 HFSS13.0 仿真，AV3672 矢网测试仪测试，当输入端为端口 1 时，仿真和实测结果对比如图 7-12 所示，性能总结如表 7-2 所列；当输入端为端口 4 时，仿真和实测结果对比如图 7-13 所示，性能总结如表 7-3 所列。

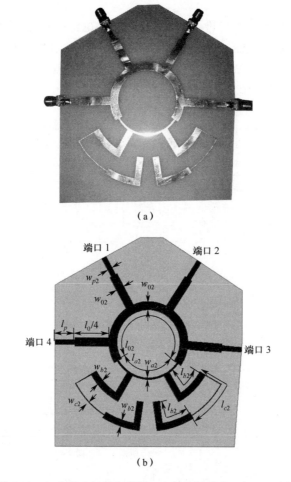

图 7-11 仅采样五频倒相器前三个频率制作的三频环形电桥

（a）实物图；（b）物理参数含义图。

表 7-1　三频环形电桥（0.9、1.9、2.45GHz）各段传输线物理参数（单位：mm）

参数	w_{02}	w_{a2}	w_{b2}	w_{c2}	w_{p2}	l_{02}	l_{a2}	l_{b2}	l_{c2}	L_{p2}
值	4.98	1.06	3.94	0.4	2.92	92.00	42.8	37.8	40.68	12.00

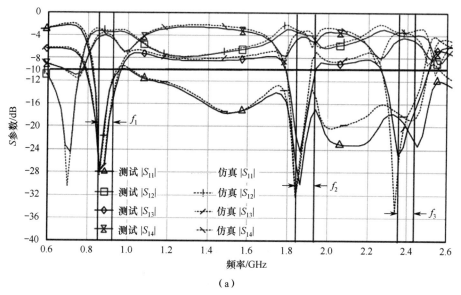

（a）

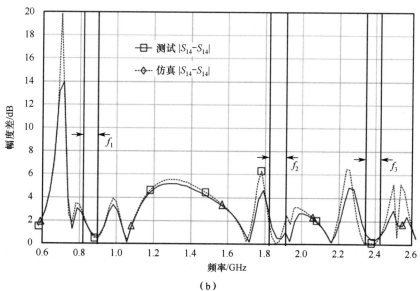

（b）

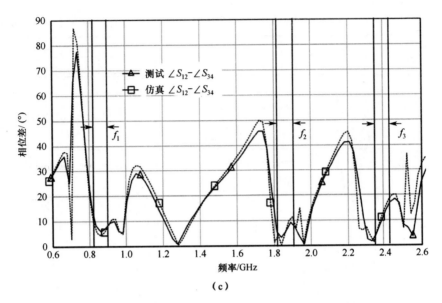

（c）

图 7-12　当端口 1 为输入端口时，三频倒相器的仿真与测试结果

（a）S 参数；（b）幅度不平衡性；（c）相位不平衡性。

表 7-2　当端口 1 为输入端口时三频环形电桥的性能

频率/GHz	0.86～0.92	1.83～1.89	2.32～2.43
相对带宽/%	6.7	3.3	4.6
回波损耗/dB	>12.3 18.5@f_1	>18.4 28.0@f_2	>16.7 18.1@f_3
隔离度/dB	>16.1 23.8@f_1	>16.6 26.5@f_2	>15.8 21.0@f_3
幅度不平衡性/dB	<1 0.49@f_1	<1 0.09@f_1	<1 0.14@f_1
相位不平衡性/（°）	<10 7.9@f_1	<10 4.1@f_1	<15 9.7@f_1

　　此外，还需注意，如果将该五频倒相器的谐波考虑进去，配合采样法，将实现更为多样的多频环形电桥。

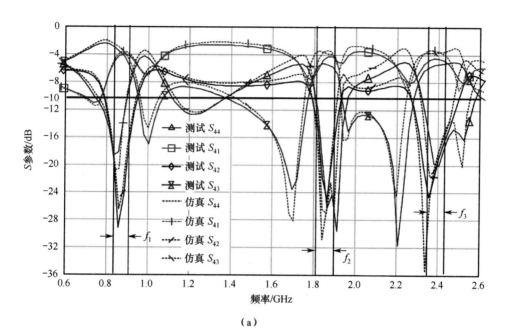

（a）

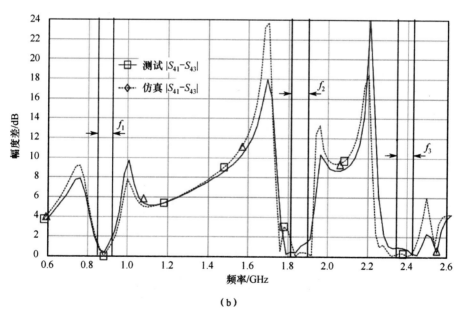

（b）

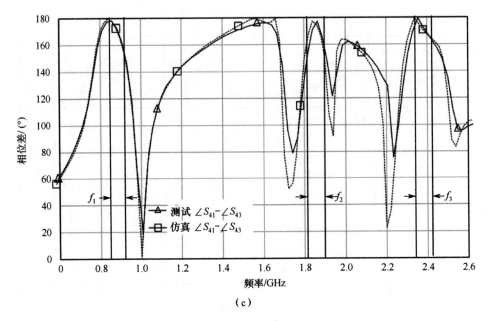

（c）

图 7-13　当端口 4 为输入端口时，三频倒相器的仿真与测试结果

（a）S 参数；（b）幅度不平衡性；（c）相位不平衡性。

表 7-3　当端口 4 为输入端口时三频环形电桥的性能

频率/GHz	0.85~0.89	1.82~1.90	2.31~2.44
相对带宽/%	4.6	4.3	5.5
回波损耗/dB	>10 16.6@f_1	>17.3 26.9@f_2	>10 21.6@f_3
隔离度/dB	>21.7 25.0@f_1	>10 27.0@f_1	>14.6 21.6@f_1
幅度不平衡性/dB	<1 0.3@f_1	<1 0.5@f_2	<1 0.3@f_3
相位不平衡性/（°）	180±10 175.1@f_1	180±10 173.2@f_1	180±10 172.8@f_1

7.3　宽带基础上的端口加载法

7.2 节是在宽带基础上通过多频倒相器来提取所需要的双/多频点。本节实现方法也是基于宽带基础，不同的是在宽带器件的端口处加载多频匹配电路，在所需频点匹配而在其他频段形成反射，从而将原来宽带的频响进行分割，分割出多个匹配区域也即实现了多频特性。本书将这种方法称为宽带基础上的端口加载法。需要注意的是，在该方法中，倒相器必须为宽带倒相器以满足宽带基础的要求。

以图 7-6 所示的环形电桥为宽带基础，在图 7-6 所示环形电桥的端口加载多频匹配网络。图 7-14 所示为在环形电桥端口 1 和端口 3 并联的多频匹配网络。

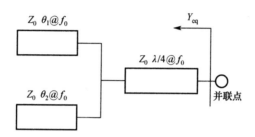

图 7-14　端口并联多频匹配网络

根据传输线理论可计算出并联多频匹配结构的等效输入导纳为

$$Y_{\text{eq}} = \frac{1}{Z_0} \frac{\tan\left(\frac{\pi}{2}\frac{f}{f_0}\right) + \tan\left(\theta_1\frac{f}{f_0}\right) + \tan\left(\theta_2\frac{f}{f_0}\right)}{\tan\left(\frac{\pi}{2}\frac{f}{f_0}\right)\left(\tan\left(\theta_1\frac{f}{f_0}\right) + \tan\left(\theta_2\frac{f}{f_0}\right)\right) - 1} \tag{7-20}$$

当满足

$$Y_{\text{eq}} = 0 \tag{7-21}$$

即满足

$$\frac{\tan\left(\frac{\pi}{2}\frac{f}{f_0}\right) + \tan\left(\theta_1\frac{f}{f_0}\right) + \tan\left(\theta_2\frac{f}{f_0}\right)}{\tan\left(\frac{\pi}{2}\frac{f}{f_0}\right)\left(\tan\left(\theta_1\frac{f}{f_0}\right) + \tan\left(\theta_2\frac{f}{f_0}\right)\right) - 1} = 0 \tag{7-22}$$

时，该并联网络不破坏原先宽带电路的匹配特性，也即满足式（7-20）的工作频点即为环形电桥的工作频点。工作频点仅由多频匹配网络各段传输线的电长度决定。如需要该匹配网络在三个频率点（f_1、f_2、f_3）处匹配，则

$$\frac{\tan\left(\dfrac{\pi}{2}\dfrac{f_1}{f_0}\right)+\tan\left(\theta_1\dfrac{f_1}{f_0}\right)+\tan\left(\theta_2\dfrac{f_1}{f_0}\right)}{\tan\left(\dfrac{\pi}{2}\dfrac{f_1}{f_0}\right)\left(\tan\left(\theta_1\dfrac{f_1}{f_0}\right)+\tan\left(\theta_2\dfrac{f_1}{f_0}\right)\right)-1}=0 \qquad (7\text{-}23)$$

$$\frac{\tan\left(\dfrac{\pi}{2}\dfrac{f_2}{f_0}\right)+\tan\left(\theta_1\dfrac{f_2}{f_0}\right)+\tan\left(\theta_2\dfrac{f_2}{f_0}\right)}{\tan\left(\dfrac{\pi}{2}\dfrac{f_2}{f_0}\right)\left(\tan\left(\theta_1\dfrac{f_2}{f_0}\right)+\tan\left(\theta_2\dfrac{f_2}{f_0}\right)\right)-1}=0 \qquad (7\text{-}24)$$

$$\frac{\tan\left(\dfrac{\pi}{2}\dfrac{f_3}{f_0}\right)+\tan\left(\theta_1\dfrac{f_3}{f_0}\right)+\tan\left(\theta_2\dfrac{f_3}{f_0}\right)}{\tan\left(\dfrac{\pi}{2}\dfrac{f_3}{f_0}\right)\left(\tan\left(\theta_1\dfrac{f_3}{f_0}\right)+\tan\left(\theta_2\dfrac{f_3}{f_0}\right)\right)-1}=0 \qquad (7\text{-}25)$$

由式（7-23）～式（7-25）解得三频图 7-10 所需的传输线的电长度。

将图 7-14 所示多频匹配网络并联在宽带环形电桥的端口 1 和端口 3，最终结构如图 7-15 所示。在图 7-15 中，多频匹配网络仅加载在端口 1 和端口 3，获得端口 1 和端口 3 的多频点匹配。由第 5 章所推准对称性可知，端口 2 和端口 4 的反射系数大小与端口 1 和端口 3 相等，即端口 2 和端口 4 将自动获得多频特性。

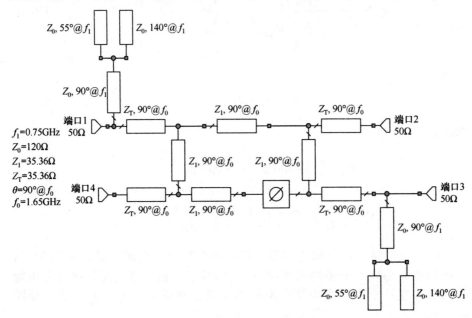

图 7-15 三频环形电桥等效电路

例 7-5　设计工作频点为 0.9/1.9/2.4GHz 的三频环形电桥。

宽带基础电路结构如图 7-6 所示，取中心频点 $f_0 = (f_1 + f_3) / 2 = 1.65\text{GHz}$，环及匹配段传输线特性阻抗取 $Z_1 = Z_2 = Z_T = 35.36\Omega$。三频匹配并联网络结构及参数如图 7-15 所示，最终三频等效电路散射参数频率响应仿真结果如图 7-16 所示。图 7-16 显示，出实现了三频特性。

在图 7-15 等效电路工程实现中，还需要解决理想倒相器的工程实现问题，可用带宽足够宽的宽带倒相器代替理想倒相器。

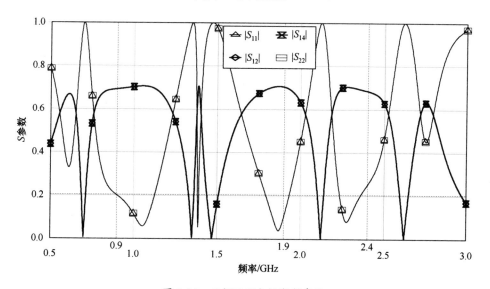

图 7-16　三频环形电桥散射参数

基于该方法还可以实现四频、五频甚至更多频的多频特性。

例 7-6　设计一款工作在 2.3GHz、3.8GHz、4.3GHz、6.3GHz 的四频环形电桥。

设 $f_1 : f_2 : f_3 : f_4 = 2.3 : 3.8 : 4.3 : 6.3$，令 $f_0 = 1.4\text{GHz}$，则 $f_0 : f_1 : f_2 : f_3 : f_4 = 1 : 1.6 : 2.7 : 3.1 : 4.5$。通过解式（7-22），可得 $\theta_1 = 25°$、$\theta_2 = 35°$ 时，支节满足所需的频率比，$f_c = (f_1 + f_3) / 2 = 4.3\text{GHz}$。采样相对介电常数为 2.2，厚度为 0.8mm 的介质板制作实物，如图 7-17 所示，采用 6.2 节微带-槽线宽带倒相器，并同时令添加宽带倒相器的一段传输线缩短一个介质板厚度，以抵消金属过孔引入的相位偏移，其物理参数如表 7-4 所列，金属过孔直径 0.3mm，缝隙宽度 0.2mm。用 HFSS13.0 仿真，AV3672 失网测试仪测试，仿真和测试结果如图 7-18 所示。

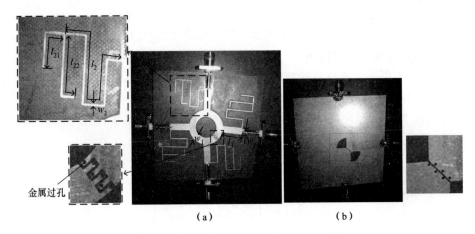

图 7-17 四频环形电桥

（a）正面；（b）背面。

表 7-4 四频环形电桥各段传输线的物理参数（单位：mm）

参数	w_1	w_2	w_p	l_1	l_2	l_{21}	l_{22}
值	4	0.46	2.46	13.41	40	12	17

图 7-18 说明该四频环形电桥在 2.00～2.70GHz、3.53～3.91GHz、4.14～4.83GHz 和 5.83～6.55GHz 的频率范围内，回波损耗和隔离度均大于 10dB，幅度不平衡性为 3dB±1dB，反相相位输出端的相位差为 180°±10°，同相位输出端的相位差为 0°±10°。

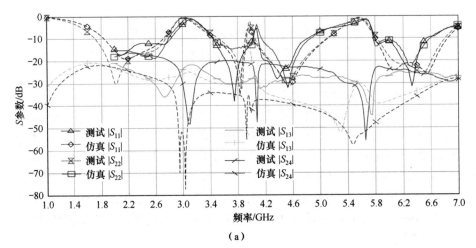

（a）

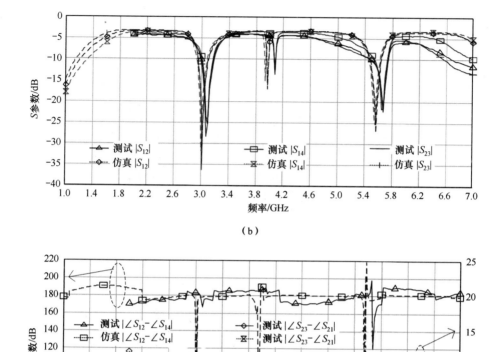

（b）

（c）

图 7-18　四频环形电桥仿真与测试结果

（a）回波损耗和隔离度；（b）传输特性；（c）相位不平衡性。

例 7-7　设计一款工作在 0.9GHz、1.4GHz、1.8GHz、2.3GHz 和 2.6GHz 的五频环形电桥。

令 $f_0 = f_1$，则 $f_0 : f_1 : f_2 : f_3 : f_4 : f_5 = 1 : 1 : 1.5 : 2.0 : 2.5 : 2.9$。可得当 $\theta_1 = 110°$、$\theta_2 = 160°$ 时，支节满足所需要的频率比，$f_c = (f_1 + f_3)/2 = 1.75$GHz。其物理参数如表 7-5 所列，实物图如图 7-19 所示，利用 HFSS13 进行仿真，仿真与测试结果如图 7-20 所示。

表 7-5　三频环形电桥（0.9GHz、1.8GHz、2.45GHz）
各段传输线物理参数（单位：mm）

参数	w_1	w_2	w_p	l_1	l_2	l_{21}	l_{22}
值	4	0.46	2.46	29.87	64.57	76.05	111

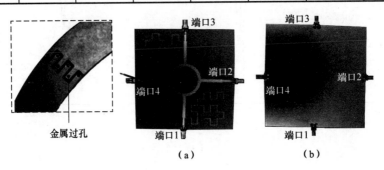

（a）　　　　　　（b）

图 7-19　五频环形电桥
（a）正面；（b）背面。

上图说明该五频环形电桥在 768～1091MHz、1287～1509MHz、1727～
1931MHz、2187～2439MHz 和 2494～2653MHz 的频率范围内，回波损耗大于
10dB，隔离度大于 25dB，幅度不平衡性为 3dB±1dB，反相相位输出端的相位
差为 180°±10°，同相位输出端的相位差为 0°±7°，与理论相符。

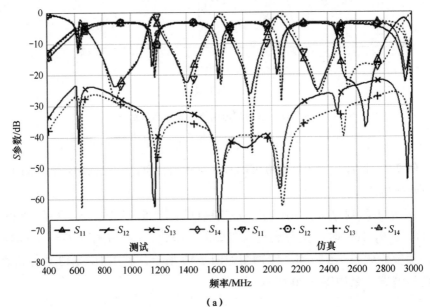

（a）

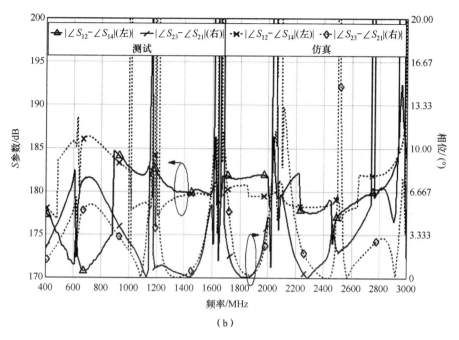

图 7-20　五频环形电桥仿真与测试结果

（a）S 参数；（b）相位不平衡性。

小　　结

本章讨论的三种多频实现方法虽然不太相同，但是都有共同的基础，即基于电路的准对称性及理想隔离特性，可以看出，电路的理想隔离特性及准对称性使问题大大简化，仅需考虑端口的反射特性即可。

极简三频端口等效导纳法从电路整体特性出发，在各个频点可以获得理想的匹配特性。阻抗匹配段的双频特性加之电路隐含的双频特性获得了四频（实质为三频）的特性。可以设想，如果阻抗匹配段若具有三频特性，则与电路隐含的双频特性一起，则电路将具有六频（实质为五频）的特性。

宽带基础上的倒相器采样法以及宽带基础上的端口加载法都是将多频的实现难度分解，宽带基础上的倒相器采样法分解为宽带基础电路及多频倒相器的实现，宽带基础上的端口加载法分解为宽带基础电路及多频匹配网络的实现。在各个频点一般得不到理想匹配的特性，匹配程度由宽带基础电路的匹配程度决定。如果用这两种方法实现更多频特性，则需要解决更多频倒相器的设计及更多频匹配网络的设计问题。

第 8 章　可重构倒相器的设计及应用

为了满足现代通信系统多功能、多频段、集成化、智能化、小型化、低成本等需求，可重构微波器件的研究成为了应运而生的重要研究方向，可重构微波器件具有重要工程应用价值，常常通过对阻抗变换段并联加载变容二极管的方法来实现。由传输线理论可知，电容加载不仅会影响传输线的相移常数（随即改变对应工作频率），还会影响传输线的等效特性阻抗。另外，当器件包括阻抗变换段数目较多时，加载电容数目增加，控制电路也会比较复杂。本章基于第 3 章提出的倒相器采样法，将可重构的实现集于倒相器的可重构实现上，探讨一种简单有效的可重构实现新途径。本章研究的可重构倒相器是实现第 3 章提出的倒相器采样法的技术基础，而第 3 章的倒相器采样法是本章可重构器件设计的理论依据。

8.1　频率可切换倒相器的设计

6.5 节给出了双频微带-槽线倒相器的设计。双频倒相器槽线长度是影响工作频率的关键因素，若是利用开关二极管使槽线长度在两个长度间切换，则倒相器的频率会在两个频率间切换。基于此，提出了如图 8-1 所示的频率可切换倒相器的结构。

在图 8-1 中，右边直通微带线为相位参考线，左边为频率可切换倒相器。频率可切换倒相器也属于微带-陷地结构倒相器。为了合理布局二极管直流控制电路，倒相器结构布局与图 6-13 有很大的不同，即直的短路槽线变成了槽线环，短路状态由槽线环上跨接的电容实现。地板上有两对圆环槽线，大圆环槽线与微带线正下方槽线连在一起，作为频率选择谐振器的关键部分。小圆环槽线是物理上隔离交流信号的结构，直流控制信号可以加在小圆环槽线里面的内圆"孤岛"上。该倒相器的控制电路由两个开关（PIN）二极管、6 个电容和两个电阻构成。开关二极管的主要作用是选用不同长度的槽线。电容的作用是隔离直流信号，导通交流信号：位于大圆环上的电容导通交流信号，使接地板和大圆环内小圆换外的金属形成一个整体；微带线上的电容为隔直电容，阻止直流信号流出器件外。电阻的作用是隔离交流信号，导通直流信号。

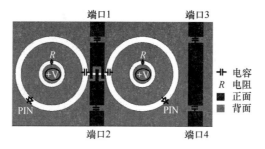

图 8-1　频率可切换倒相器结构

图 8-2 所示为 PIN 二极管在通断两种状态下的等效结构。由图可以看出，PIN 管截止时，接地板槽线长度为 l_1，而 PIN 管导通时，接地板槽线长度为 l_2，由 6.5 节原理可知，两种状态下对应不同谐振频率，有 $l_1 = \lambda_{g1}/4$，$l_2 = \lambda_{g2}/4$。

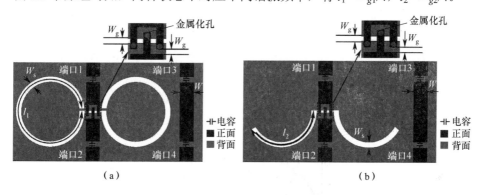

（a）　　　　　　　　　　　　　　　（b）

图 8-2　频率可切换倒相器原理及尺寸

（a）PIN 截止时倒相器工作状态；（b）PIN 导通时倒相器工作状态。

例 8-1　设计切换频率点为 900MHz 和 1.6GHz 的频率可切换倒相器。

选用的介质板相对介电常数为 2.2，厚度为 0.8mm，所设计倒相器的切换频率点为 900MHz 和 1.6GHz，接地板槽线物理长度分别为 l_1 和 l_2，表 8-1 所列为频率可切换倒相器的设计参数。微带线的特性阻抗为 50W，隔离电容为 220pF，隔离交流电阻为 1.5kW，选用型号为 IN4148 的 PIN 二极管。测试结果由 AV3672 矢量网络分析仪测试得到的，其倒相器实物如图 8-3 所示。

表 8-1　频率可切换倒相器设计参数（单位：mm）

参数	W	W_s	W_g	l_1	l_2
值	2.46	0.5	0.2	69.8	40.6

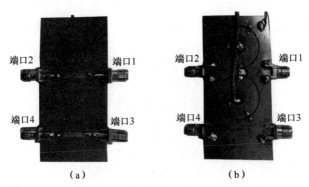

图 8-3　频率可切换倒相器实物图

（a）正面；（b）反面。

图 8-4 和图 8-5 所示分别为频率可切换倒相器在 PIN 二极管导通和截止状态时的仿真和测试结果，图 8-6 所示为频率可切换倒相器的相位偏移。由实测结果可知，导通状态下，当回波损耗大于 15dB，插入损耗$|S_{12}|<0.7$dB，相位偏移（$|\angle|S_{12}|-\angle|S_{34}|-180°|$）$<12°$时，该倒相器工作带宽为 42%（1.295～1.967GHz，1.52：1）。在截止状态下，当回波损耗大于 15dB，插入损耗$|S_{12}|<$

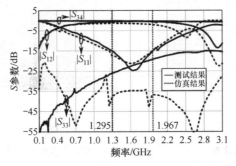

图 8-4　PIN 二极管导通时的仿真与测试结果

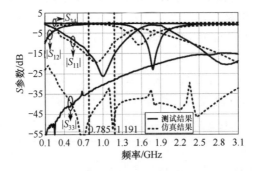

图 8-5　PIN 二极管断开时的仿真与测试结果

0.5dB，相位偏移（$\left|\angle|S_{12}|-\angle|S_{34}|-180°\right|$）<14°时，该倒相器工作带宽为45%（0.7859～1.191GHz，1.52∶1）。同仿真结果相比，倒相器在中心频点 0.9GHz 处的出现偏移，源于加工误差。

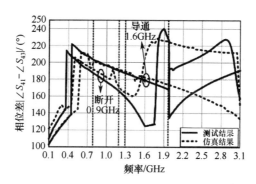

图 8-6　频率可切换倒相器的相位图

8.2　频率连续可调倒相器的设计

频率连续可调倒相器与 8.1 节的频率可切换倒相器不同，可以实现在一定连续可调频带范围内的低插损及 180°倒相。为了实现频率的连续可调，采用了槽线上跨接（并联的）的变容二极管，微带–槽线频率连续可调倒相器结构如图 8-7 所示。

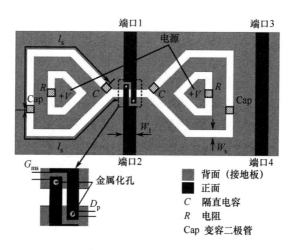

图 8-7　微带-槽线频率连续可调倒相器结构图

图 8-7 所示的频率连续可调倒相器结构与图 8-1 所示的频率可切换倒相器结构类似，不同点仅在于将槽线环上跨接的 PIN 二极管替换成了变容二极管 Cap。跨接的变容二极管 Cap 可等效为接地板槽线上跨接了电容，其容值随变容二极管反向偏压的大小而改变。跨接变容二极管槽线等效电路如图 8-8 所示。

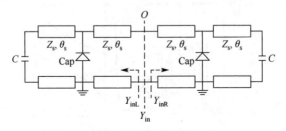

图 8-8　跨接变容二极管槽线的等效电路

在图 8-8 中，跨接变容二极管谐振槽线总导纳值 Y_{in} 可以等效左、右槽线导纳值相加，即

$$Y_{in} = Y_{inR} + Y_{inL} \tag{8-1}$$

当隔离直流电容 C 的电抗值远大于槽线的特性阻抗时（$1/(2\pi fC) >> Z_s$），槽线终端可以等效为短路。因此，根据传输线理论，左、右槽线导纳值 Y_{inR}、Y_{inL}、变容二极管值 Cap、工作频率 ω 及槽线在"O"点的总导纳值 Y_{in} 的关系式为

$$Y_{inR} = Y_{inL} = Y_s \frac{j(\omega Cap + Y_s \tan\theta_s - Y_s \cot\theta_s)}{2Y_s - \omega Cap \tan\theta_s} \tag{8-2}$$

式中 $Y_s = 1/Z_s$ 为槽线的特性导纳值。

根据谐振条件，有

$$\left. Im(Y_{in}) \right|_{\omega=\omega_s} = 0 \tag{8-3}$$

式中，ω_s 为谐振时的谐振频率。

结合式（8-2）和式（8-3），可得

$$Y_s \tan^2\theta_s + \omega_s Cap \tan\theta_s - Y_s = 0 \tag{8-4}$$

解式（8-4），可得 $\tan\theta_s$ 的表达式为

$$\tan\theta_s = \frac{-\omega_s Cap \pm \sqrt{\omega_s^2 Cap^2 + 4Y_s^2}}{2Y_s} \tag{8-5}$$

考虑到倒相器的结构尺寸，取 $\tan\theta_s > 0$，则

$$\tan\theta_s = \frac{-\omega_s Cap + \sqrt{\omega_s^2 Cap^2 + 4Y_s^2}}{2Y_s} \tag{8-6}$$

　　当变容二极管结电容 Cap、槽线的特性导纳 Y_s 和槽线长度固定时，根据式（8-6）可用图解法求出槽线谐振器的谐振频率。

　　若选用的变容二极管为 SMV1232，其不同电压下对应的电容值如表 8-2 所列。考虑到工程可实现性，选槽线的特性阻抗为 85Ω。则由式（8-6）可得出图 8-9 所示图解法，从中可得出不同偏压下的谐振频率值。

表 8-2　变容二极管 SMV1232 的电容值

电压/V	0	1	3	5	7
电容/pF	4.15	2.67	1.51	1.05	0.86

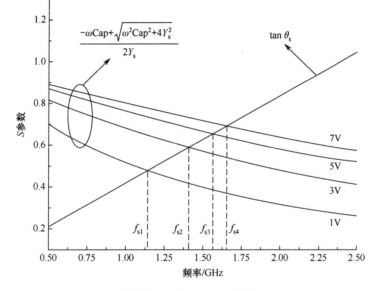

图 8-9　图表法求谐振频率

例 8-2　中心频点 1.5GHz 的微带-槽线型频率连续可调倒相器的设计。

　　选用相对介电常数为 2.2、厚度为 0.8mm、大小为 30mm×45mm 的介质板。参数选择如下：微带线特性阻抗为 50W，槽线的特性阻抗为 85W，隔离电容为 220pF，隔离交流电阻为 1.5kW，选用 SMV1232 变容二极管。表 8-3 给出了频率连续可调倒相器设计的参数。图 8-10 给出了微带-槽线型频率连续可调倒相器的实物图。

表 8-3　倒相器设计参数（单位：mm）

参数	W_1	W_s	G_{ms}	l_s	D_p
值	2.46	0.2	0.2	16.55	0.3

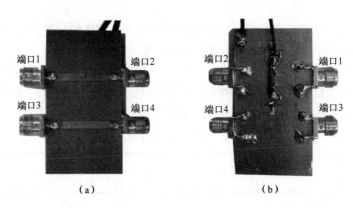

图 8-10　调频倒相器实物图

（a）正面；（b）反面。

用 Ansoft HFSS 软件仿真，测试仪器为 AV3672 矢量网络分析仪。仿真和测试回波损耗结果如图 8-11 所示。实测结果表明，当控制电压从 1V 变化到 7V 时，该倒相器的工作频率从 1.1GHz 变化到 1.75GHz，而且回波损耗大于 20dB。由图 8-11 所示的倒相器的工作频率和图 8-9 图解法得到的谐振频率对比可知，两者的中心工作频率保持了较好的一致性。

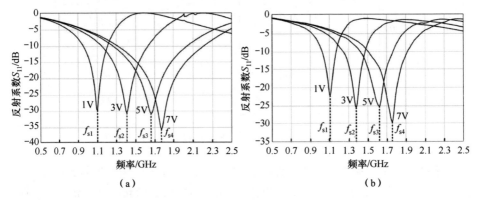

图 8-11　调频倒相器的反射系数

（a）仿真结果；（b）测试结果。

图 8-12 所示为倒相器的仿真和测试相位结果，测试结果表明，当控制电压从 1V 变化到 7V 时，在工作频率范围内相移误差（$|\angle|S_{12}|-\angle|S_{34}|-180°|$）<15°。仿真结果表明，当控制电压从 1V 变化到 7V 时，在工作频率范围内相移误差（$|\angle|S_{12}|-\angle|S_{34}|-180°|$）<3°。测试结果与仿真结果的相位存在差距是由于金属过孔的存在，可以校准减小差距。仿真和测试结果表明，该倒相器在调频过

程中保持了较好的反相性能。

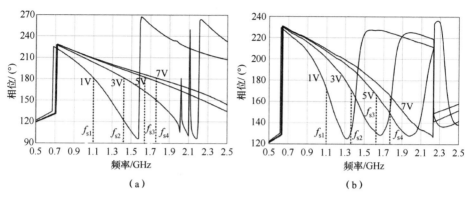

（a）

（b）

图 8-12　调频倒相器的相位

（a）仿真结果；（b）测试结果。

8.3　谐波可控倒相器的设计

8.1 节和 8.2 节研究的倒相器中，倒相器工作频率主要由接地板上的槽线谐振腔的谐振频率决定，微带线两侧槽线对称分布。本节研究槽线位置不同分布时，槽线腔的谐振模式及最终对应的倒相器的工作频率及谐波频率。

如图 8-13 所示为接地板上槽线不对称结构的倒相器。当倒相器的槽线总长度不变时，其谐波因接地板左、右槽线长度不等而不同，即谐波被槽线的位置

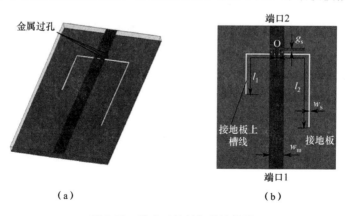

（a）

（b）

图 8-13　谐波可控倒相器结构图

（a）侧视图；（b）俯视图。

所影响。该倒相器和前面提到的微带-陷地结构倒相器具有相同构造，由正面金属微带线、背面槽线及三个金属过孔组成，O 点为微带线和槽线的重合线中心点。

　　对应图 8-13 所示结构有如图 8-14 所示等效电路。以微带线和槽线的重合线中心点 O 为分割点，分割出两条槽线等效为电路中特性阻抗为 Z_s、电长度分别为 θ_1 和 θ_2 的并联短路线。

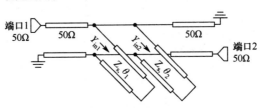

图 8-14　谐波可控倒相器等效电路

　　在图 8-13 中，$\theta_1=\theta_s l_1$，$\theta_2=\theta_s l_2$，θ_s 为传输线的相移常数，当槽线谐振器总输入阻抗为无穷大时，两端口实现匹配，有

$$Y_{in} = Y_{in1} + Y_{in2} = 0 \qquad (8\text{-}7)$$

其中

$$Y_{in1} = -jY_s \cot\theta_1 \qquad (8\text{-}8)$$

$$Y_{in2} = -jY_s \cot\theta_2 \qquad (8\text{-}9)$$

将式（8-8）和式（8-9）代入式（8-7），可得

$$\cot\theta_1 + \cot\theta_2 = 0 \qquad (8\text{-}10)$$

　　根据电磁波在槽线中的边界条件可以确定槽线中可能存在的电磁场的模式，如图 8-15 所示。由图可以看出，不同的激励点仅能激励不同的模式。在 O 点产生非波节点才能激励起谐振，需要满足以下条件：

$$\left|\cot\theta_1\right| \neq \infty \qquad (8\text{-}11)$$

$$\left|\cot\theta_2\right| \neq \infty \qquad (8\text{-}12)$$

　　在满足式（8-10）～式（8-12）的条件下，该倒相器谐振模式由 θ_1、θ_2 的情况来确定，分为两种情况。

　　（1）当 $\theta_1=\theta_2$，即槽线以点 O 对称分布时，谐振位置点在槽线的中心点 O，且馈电点为 A，在式（8-10）条件下，有

$$\cot\theta_1 = \cot\theta_2 = 0 \qquad (8\text{-}13)$$

　　由式（8-13），得式（8-11）和式（8-12）式也满足，可得

$$\theta_1 = \theta_2 = (2n-1)\pi/2, \quad n=1,2,3 \tag{8-14}$$

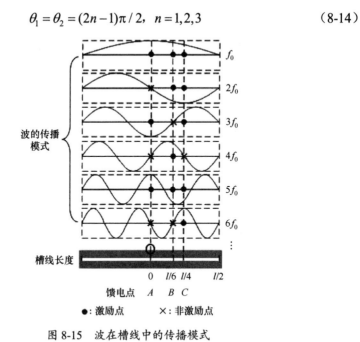

图 8-15　波在槽线中的传播模式

因此，在槽线以点 O 对称分布时，仅存在奇次谐波 f_0，$3f_0$，$5f_0$，$\cdots$，如图 8-17 所示，即仅存在基础波和基础波奇次倍数的谐波。

（2）当 $\theta_1 \neq \theta_2$，谐振位置点不在槽线的中心点 O，馈电点不为 A，在式（8-10）条件下，有

$$\theta_1 + \theta_2 = n\pi, \quad n=1,2,3 \tag{8-15}$$

在式（8-11）和式（8-12）的条件下，有

$$\theta_1 \neq m_1\pi, \quad m_1 = 1,2,3 \tag{8-16}$$

$$\theta_2 \neq m_2\pi, \quad m_2 = 1,2,3 \tag{8-17}$$

式中：$m_1 + m_2 = n$。

从式（8-15）～式（8-17）可以得出如下结论。

（1）当槽线不以中心点 O 对称分布（$\theta_1 \neq \theta_2$）且馈电点不在波节点时，波的谐振模式不仅存在奇次谐波，而且存在偶次谐波。

（2）当槽线不以中心点 O 对称分布（$\theta_1 \neq \theta_2$）但馈电点在波节点时，则该波的谐振波将会被抑制。

如图 8-15 所示，如当馈电点为点 B 时，点 B 位于三次谐波 $3f_0$ 波节点，左边槽线电长度为 2θ（$\theta_1 = 2\theta$），右边槽线电长度为 θ（$\theta_2 = \theta$），则三次谐波及三次

谐波的整数倍谐波（$3f_0$，$6f_0$，$9f_0$，$12f_0$，…）将被抑制，而如 f_0，$2f_0$，$4f_0$，$5f_0$，$7f_0$，$8f_0$ 等谐波是存在的，即满足 m 次谐波的激励（$m \neq 3n$，$n=1,2,3,\cdots$）。

当馈电点为点 C 时，点 C 位于四次谐波（$4f_0$）波节点，左边槽线电长度为 3θ（$\theta_1 = 3\theta$），右边槽线电长度为 θ（$\theta_2 = \theta$），则四次谐波及四次谐波的整数倍谐波（$4f_0$，$8f_0$，$12f_0$，$16f_0$，…）将被抑制，而如 f_0，$2f_0$，$3f_0$，$5f_0$，$6f_0$，$7f_0$ 等谐波是存在的，即满足 m 次谐波的激励（$m \neq 4n$，$n=1,2,3,\cdots$）。

为了验证上述结论，设计制作了如图 8-16 所示的槽线位置不同模式倒相器 A、B、C，其中 D 为对比传输线，这三个倒相器槽线和微带线的交点位置和图 8-17 中槽线的馈电点 A、B、C 位置一一对应。三个倒相器槽线长度一致，电长度为半波长（$l = \theta_s/2$）。其中，A 倒相器的槽线是左右对称结构（$l_{a1} = l_{a2} = l/2$），B 倒相器的槽线长度满足（$l_{b2} = 2l_{b1} = 2l/3$），C 倒相器的槽线长度满足（$l_{c2} = 3l_{c1} = 3l/4$）。在 A 倒相器的谐振模式中，仅有基础波及基础波的奇次倍数谐波存在，在 B 倒相器和 C 倒相器谐振模式中，基础波的 3 次倍数谐波和 4 次倍数谐波将分别被抑制。

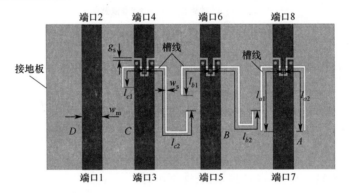

图 8-16　不同模式倒相器的结构及尺寸图

设计基波频率为 3GHz 的倒相器。选用的介质板相对介电常数为 2.2，厚度为 0.8mm。其中，微带线的特性阻抗为 50W，槽线特性阻抗为 85W，三个倒相器的槽线总长度 l 相等，r_{pin} 为连接正面微带线与接地板的金属过孔半径，对应倒相器的尺寸如表 8-4 所列。图 8-17 为倒相器实物图，利用 Ansoft HFSS13.0 进行仿真，采用 AV3672 矢量网络分析仪测试，其仿真及实测结果如图 8-18～图 8-20 所示。

表 8-4　倒相器尺寸（单位：mm）

参数	l	w_m	l_{a1}	l_{b1}	l_{c1}	w_s	g_s	r_{pin}
值	43.6	2.46	21.8	14.5	10.9	0.2	0.2	0.15

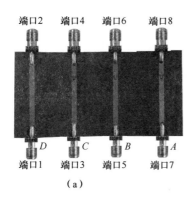 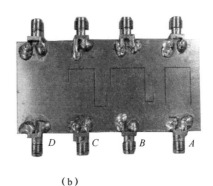

图 8-17　不同谐振模式倒相器

（a）正面；（b）反面。

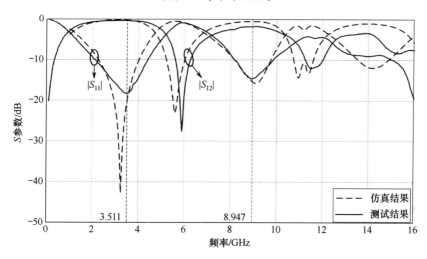

图 8-18　模式 A 倒相器的测试结果

由图 8-18～图 8-20 所示仿真及实测结果可以得出，模式 A 倒相器的谐波仅有基波及奇数次谐波存在，而偶数次谐波被抑制；模式 B 倒相器谐波除了基波的三次（$3m$）整数倍谐波被抑制，而其他次数的谐波正常存在；模式 C 倒相器谐波除了基波的四次（$4m$）整数倍被抑制，而其他次数的谐波正常存在。

由以上分析可得出如下结论。

（1）基础波（f_0）总是存在；

（2）有些奇数次倍数的谐波和偶数次倍数的谐波可以同时存在；

（3）可以通过调整接地板槽线的位置来控制谐波，抑制其中不需要的谐振模式。

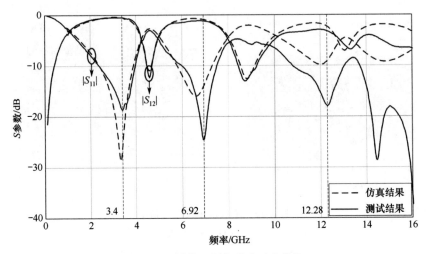

图 8-19 模式 B 倒相器的测试结果

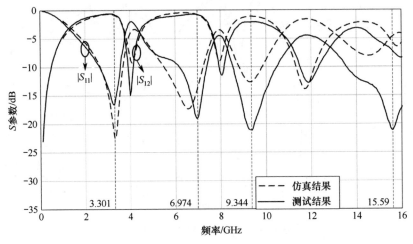

图 8-20 模式 C 倒相器的测试结果

8.4 小型频率连续可调倒相器的设计

8.2 节的频率连续可调倒相器槽线部分左右两侧对称，需要两套控制电路；8.3 节谐波可控倒相器提出了槽线左右两侧不对称的设计。基于这两点，本节提出了小型频率连续可调倒相器的设计，该倒相器结合了谐波可控倒相器的槽线不对称结构和频率连续可调倒相器的控制电路结构，仅在一侧设置可重构电路，使其具有尺寸小、电调元件数目减半、控制电路简单的优点。

　　小型频率连续可调倒相器结构如图 8-21 所示，由图可以看出，接地板上槽线左右不对称，左边与图 8-7 类似而右边仅为直的终端短路槽线。因此，与图 8-7 调频倒相器相比，少用了一个变容二极管、一个隔离电容和一个电阻。变容二极管的作用为改变槽线的等效电长度，与右侧的直槽线一起，总长度决定槽线谐振腔的谐振基波频率，其余隔直电容、电阻的作用与图 8-7 相同。

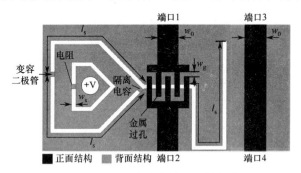

图 8-21　小型频率连续可调倒相器

　　设计中心频点为 1GHz 的小型频率连续可调倒相器。选用的介质板相对介电常数为 2.2，厚度为 0.8mm。其中，微带线的特性阻抗为 50W，槽线的特性阻抗为 85W，d 为金属过孔直径，倒相器的部分尺寸如下表 8-5 所列。选用隔离电容的值为 220pF，假设选用 SMV1232 变容管，选用 1.5kW 的电阻。利用 Ansoft HFSS 13.0 进行仿真，仿真结果如图 8-22 所示。

表 8-5　调频倒相器部分尺寸（单位：mm）

参数	l_s	w_g	w_s	d	w_0
值	29.36	0.2	0.2	0.4	2.46

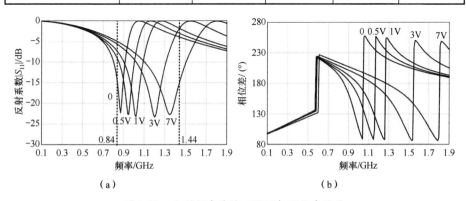

图 8-22　小型频率连续可调倒相器仿真结果

（a）反射系数；（b）相位不平衡。

仿真结果表明，设计的倒相器频率可在 0.84～1.44GHz 频率范围内调整，该频率范围内，回波损耗大于 15dB，相移误差（$|\angle|S_{12}|-\angle|S_{34}|-180°|$）<16.5°。

8.5 频率连续可调分支线定向耦合器的设计

文献[80]提出了一种基于宽带倒相器的新型宽带分支线定向耦合器，结构如图 8-23 所示，仅用三分支就实现了传统五分支的带宽。其中，各段分支线的电长度均为 $\lambda/4$，Z_1、Z_2、Z_3 为各段传输线的特性阻抗，端口特性阻抗为 Z_0。该耦合器的相位关系与传统耦合器的相位关系存在差别，若端口 1 为输入端口，则端口 2 为直通端口、端口 3 为隔离端口、端口 4 为耦合端口。各段传输线的特性阻抗取值 $Z_1 = Z_0, Z_2 = 2Z_0, Z_3 = Z_0$。

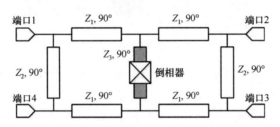

图 8-23 新型三分支线耦合器[80]

依据第 4 章的采样法原理，用 8.2 节提出的频率可调倒相器替换图 8-23 所示宽带倒相器，得到如图 8-24 所示频率连续可调的分支线定向耦合器。频率可

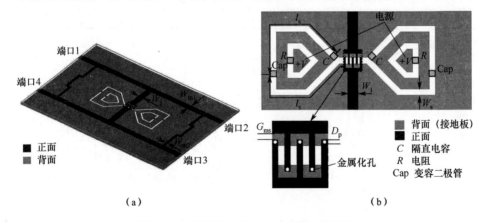

（a）   （b）

图 8-24 频率连续可调三分支线耦合器结构

（a）耦合器结构图；（b）倒相器结构图。

调倒相器采用了两个电容、两个大电阻、两个变容二极管，和五个金属过孔。变容二极管的作用为改变槽线的等效电长度；隔直电容隔离直流信号，对交流信号短路，实现终端短路槽线谐振腔；电阻的作用是导通直流信号，并实现直流与交流的隔离。

取中心频点为 1GHz，用 AWR 软件等效电路仿真图 8-23 所示三分支线耦合器，倒相器设定为频率无关的理想倒相器。各阻抗参数 $Z_1=Z_3=Z_0=50W$，$Z_2=100W$，各段传输线电长度均为 90°。仿真结果如图 8-25 和图 8-26 所示。

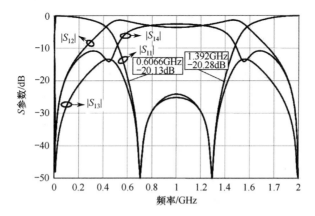

图 8-25　分支线耦合器的仿真结果

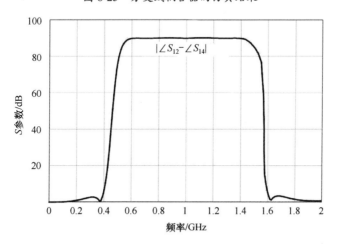

图 8-26　分支线耦合器的相位不平衡性

由图 8-25 和图 8-26 可知，该分支线耦合器在 0.607～1.39GHz 范围内，回波损耗及隔离度均大于 20dB，插入损耗$|S_{12}|$和$|S_{14}|$分别在 1.8～3.58dB 范围内和 2.56～4.95dB 范围内变化，而且端口 2 和端口 4 的输出相位不平衡性小于 0.1°，

其相对带宽约为 78.42%。以上仿真结果表明，基于理想倒相器的三分支线耦合器具有较宽的工作带宽，满足采样调频法的宽带需求。

在此基础上，用频率连续可调倒相器替换三分支线耦合器中的理想倒相器实现调频分支线耦合器。选用的介质板相对介电常数为 2.2，厚度为 0.8mm 的介质板实现，传输线采用微带线，频率连续可调倒相器采用微带–槽线结构，最终结构如图 8-26 所示。其端口特性阻抗 Z_0=50W，Z_1=Z_3=Z_0=50W，Z_2=100W，对应传输线线宽为 W_1、W_{m1}、W_{m2}。耦合器物理尺寸如表 8-6 所列。选取 220pF 的隔直电容和 1.5kW 的电阻，选取型号为 SMV1232 的变容二极管，SMV1232 部分对应电压下电容值见表 8-2。用 Ansoft HFSS13.0 对该分支线耦合器进行建模仿真。加工制作了如图 8-27 所示的调频耦合器，利用 Agilent 公司的 8510 矢量网络分析仪进行测量。在变容二极管各种反偏电压状态下，回波损耗仿真结果和测试结果如图 8-28 所示。

表 8-6　分支线耦合器设计参数（单位：mm）

参数	W_1	W_s	G_{ms}	l_s	D_p	W_{m1}	W_{m2}
值	2.67	0.2	0.2	29.36	0.4	2.67	0.48

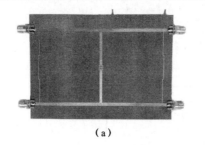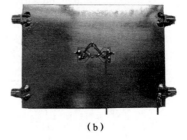

（a）　　　　　　　　　　　　　（b）

图 8-27　频率连续可调分支线耦合器实物图

（a）正面；（b）反面。

由第 4 章所述采样原理，变容二极管各种控制电压下耦合器回波损耗最大点应与相同频点处宽带耦合器的回波损耗一致。图 8-28 仿真和测试结果表明，基本反映了这一规律，其差别是由于倒相器的插入损耗、不理想倒相等引起。由图 8-28（b）的实测结果可得，当偏置电压从 0 变化到 7V 时，工作频率从 0.73GHz 变化到了 1.33GHz，并且在各个状态，回波损耗最优值均大于 20dB。

图 8-29（a）、图 8-30（a）、图 8-31（a）分别表示变容二极管反偏压电压值为 1V、3V、5V 时，该调频分支线耦合器 S 参数的实测结果和仿真结果。图 8-29（b）、图 8-30（b）、图 8-31（b）分别表示当电压值为 1V、3V、5V 时，输入端口为端口 1 时，直通端口 2 和耦合端口 4 的幅度不平衡性和相位不平衡

性的测试结果和仿真结果，其测试结果如表 8-7 所列。

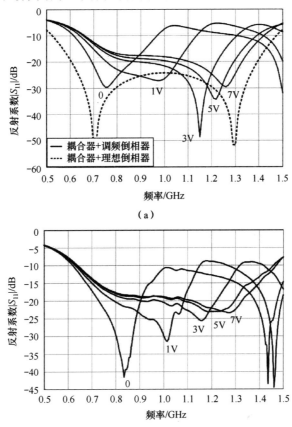

图 8-28　耦合器反射系数|S_{11}|的测试结果

（a）仿真结果；（b）实测结果。

表 8-7　耦合器在不同电压下的测试结果

电压/V	|S_{11}| /dB	幅度不平衡	相位不平衡	频率范围/GHz	相对带宽/%
1	<—20	<2.31dB	<2.9°	0.806～1.08	18.37
3	<—20	<0.996dB	<4.2°	0.97～1.22	18.69
5	<—20	<1.26dB	<3.3°	1.08～1.3	16.07

　　控制电压从 0～7V 改变时，该调频分支线耦合器的工作频率可在 0.73～1.33GHz 范围内改变，而且调频分支线耦合器的仿真结果和实验结果一致性较好，结构及调频原理简单直观，易于实现。对比耦合器带有理想倒相器测试结果和耦合器带有调频倒相器测试结果，验证了采样调频法的可行性。

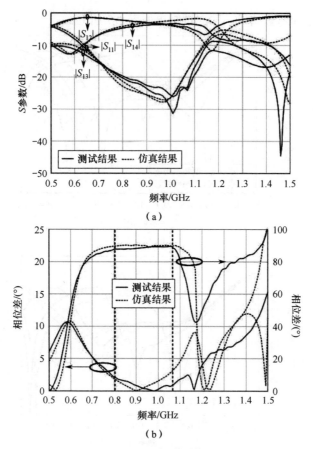

（a）

（b）

图 8-29　耦合器的仿真和测试结果（电压为 1V）

（a）耦合器的 S 参数；（b）输出端与耦合端的幅度/相位不平衡性。

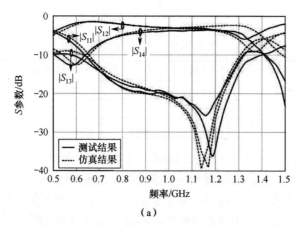

（a）

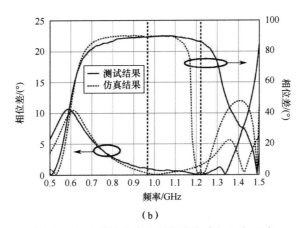

（b）

图 8.30　耦合器的仿真和测试结果（电压为 3V）

（a）耦合器的 S 参数；（b）输出端与耦合端的幅度/相位不平衡性。

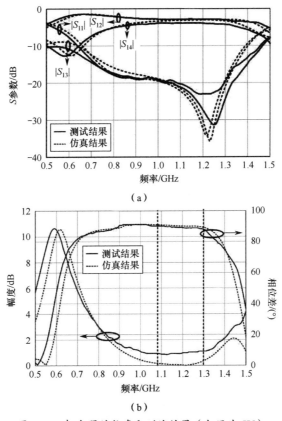

（a）

（b）

图 8-31　耦合器的仿真和测试结果（电压为 5V）

（a）耦合器的 S 参数；（b）输出端与耦合端的幅度/相位不平衡性。

8.6　多功能可重构环形电桥的设计

环形电桥的可重构有频率连续可调（或可切换）及功分比可调等方式。本节研究一种既可以调整工作频率又可以调整功分比的多功能可重构环形电桥。器件工作频率的常见调整方法是通过阻抗变换段并联可变电容（通常用变容二极管实现）实现，可变电容的加载使得等效相移常数可变从而获得频率的调整[81]，如图 8-32（a）所示，文献[82]提出了一种端口间串联可变电容（也用变容二极管实现）的功分比可调的环形电桥，如图 8-32（b）所示。

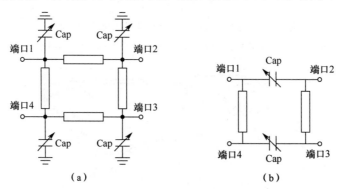

（a）　　　　　　　　　　（b）

图 8-32　可重构的分支线耦合器及混合环

（a）调频结构[81]；（b）调功分比结构[82]。

本节结合文献[81]和文献[82]的结构设计了一种频率及功分比同时可调的混合环，即多功能可重构混合环。该多功能可重构混合环同样是利用变容二极管实现可调，通过改变变容二极管的反向电压，其工作频率可以在 0.69～0.81GHz 范围内可调，同时直通端口和耦合端口的输出功分比也有一个较宽的可调范围。

图 8-33（a）为本节提出的多功能可重构环形电桥结构图，该环形电桥仅用了特性阻抗为 Z_0 的双面平行带线，双面平行带线的特性阻抗可以由相同线宽、基板厚度为其 1/2 的微带传输线特性阻抗的两倍等效得出。

在图 8-33（a）中，其中 C_1 是由电压 V_1 控制的变容二极管，C_2 是由电压 V_2 控制的变容二极管，C_{block} 是隔直流电容，R 是电阻。PI 为倒相器，其结构如图 8-33（b）所示，由交指双面带线和金属过孔组成。

图 8-33 所示结构图对应有图 8-34 所示等效电路图。该环形电桥用两个变容二极管 C_1 替换传统混合环对称位置的 90°分支线，用倒相器（PI）替换 270°

分支线中的 180°传输线。C_1 和 C_2 分别是控制该混合环的两种不同功能的变容二极管，Z_0 是传输线的特性阻抗。该新型环形电桥结构对称，可使用奇偶模分析法分析。奇偶模等效电路如图 8-35 所示。

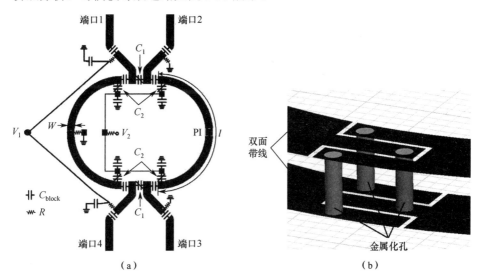

（a）　　　　　　　　　　　　　　　　（b）

图 8-33　多功能可重构环形电桥

（a）混合环的结构图；（b）倒相器结构。

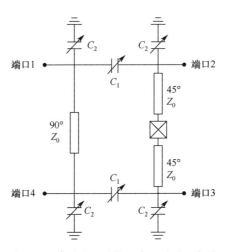

图 8-34　多功能可重构混合环的原理电路

令串联电容 C_1 的转移矩阵为 $\boldsymbol{M}_2$，并联电容 C_2 的转移矩阵为 $\boldsymbol{M}_1$。电容的阻抗为 $1/(\mathrm{j}\omega C)$，则

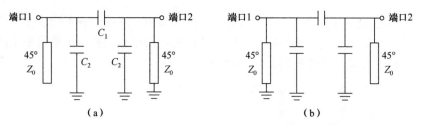

图 8-35　多功能可重构混合环的奇偶模等效电路

（a）偶模等效电路；（b）奇模等效电路。

$$M_2 = \begin{bmatrix} 1 & \dfrac{-j}{\omega C_1} \\ 0 & 1 \end{bmatrix} \tag{8-18}$$

$$M_1 = M_3 = \begin{bmatrix} 1 & 0 \\ j\omega C_2 & 1 \end{bmatrix} \tag{8-19}$$

奇偶模电路中所有电容的等效电容转移参数 M_t 可由如下矩阵相乘得到：

$$M_t = M_1 \cdot M_2 \cdot M_3 = \begin{bmatrix} 1 & 0 \\ j\omega C_2 & 1 \end{bmatrix} \begin{bmatrix} 1 & \dfrac{-j}{\omega C_1} \\ 0 & 1 \end{bmatrix} \begin{bmatrix} 1 & 0 \\ j\omega C_2 & 1 \end{bmatrix} = \begin{bmatrix} 1 + \dfrac{C_2}{C_1} & \dfrac{-j}{\omega C_1} \\ \left(\dfrac{C_2}{C_1} + 2\right)j\omega C_2 & 1 + \dfrac{C_2}{C_1} \end{bmatrix} \tag{8-20}$$

式中：ω 为角频率，可由下式定义

$$\beta = \frac{\omega\sqrt{\varepsilon_r}}{c} \tag{8-21}$$

$$\omega = 2\pi f \tag{8-22}$$

式中：c 为光速；β 为传输线的相移常数；ε_r 为介质板的相对介电常数。

在如图 8-35（a）的偶模激励情况下，左右传输线对应转移矩阵为

$$A_{1e} = \begin{bmatrix} 1 & 0 \\ jY_0 \tan\beta l_1 & 1 \end{bmatrix}, \quad A_{3e} = \begin{bmatrix} 1 & 0 \\ -jY_0 \cot\beta l_1 & 1 \end{bmatrix} \tag{8-23}$$

式中：l_1 对应特性阻抗为 Z_0，电长度为 45°传输线的实际物理尺寸。

令 $a = \tan\beta l_1$，$d = -\cot\beta l_1$，则 $ad = -1$。根据图 8-35（a）的偶模等效电路，可得其转移矩阵为

$$A_e = A_{1e} \cdot M_t \cdot A_{3e} = \begin{bmatrix} 1 + \dfrac{C_2}{C_1} + \dfrac{Y_0 d}{\omega C_1} & \dfrac{-j}{\omega C_1} \\ jY_0\left(1 + \dfrac{C_2}{C_1}\right)(a+d) + j\omega C_2\left(2 + \dfrac{C_2}{C_1}\right) - \dfrac{jY_0^2}{\omega C_1} & 1 + \dfrac{C_2}{C_1} + \dfrac{Y_0 a}{\omega C_1} \end{bmatrix}$$

$$\tag{8-24}$$

如图 8-35（b）所示，根据其奇模等效电路，可得其转移矩阵为

$$A_{1o} = \begin{bmatrix} 1 & 0 \\ -jY_0 \cot \beta l_1 & 1 \end{bmatrix}, \quad A_{3o} = \begin{bmatrix} 1 & 0 \\ jY_0 \tan \beta l_1 & 1 \end{bmatrix} \tag{8-25}$$

$$A_o = A_{1o} \cdot M_t \cdot A_{3o} = \begin{bmatrix} 1 + \dfrac{C_2}{C_1} + \dfrac{Y_0 a}{\omega C_1} & \dfrac{-j}{\omega C_1} \\ jY_0\left(1 + \dfrac{C_2}{C_1}\right)(a+d) + j\omega C_2\left(2 + \dfrac{C_2}{C_1}\right) - \dfrac{jY_0^2}{\omega C_1} & 1 + \dfrac{C_2}{C_1} + \dfrac{Y_0 d}{\omega C_1} \end{bmatrix} \tag{8-26}$$

对 A_e 和 A_o 归一化处理后，有

$$\bar{A}_e = \begin{bmatrix} 1 + \dfrac{C_2}{C_1} + \dfrac{Y_0 d}{\omega C_1} & \dfrac{-jY_0}{\omega C_1} \\ \left[jY_0\left(1 + \dfrac{C_2}{C_1}\right)(a+d) + j\omega C_2\left(2 + \dfrac{C_2}{C_1}\right) - \dfrac{jY_0^2}{\omega C_1}\right]Z_0 & 1 + \dfrac{C_2}{C_1} + \dfrac{Y_0 a}{\omega C_1} \end{bmatrix} \tag{8-27}$$

$$\bar{A}_o = \begin{bmatrix} 1 + \dfrac{C_2}{C_1} + \dfrac{Y_0 a}{\omega C_1} & \dfrac{-jY_0}{\omega C_1} \\ \left[jY_0\left(1 + \dfrac{C_2}{C_1}\right)(a+d) + j\omega C_2\left(2 + \dfrac{C_2}{C_1}\right) - \dfrac{jY_0^2}{\omega C_1}\right]Z_0 & 1 + \dfrac{C_2}{C_1} + \dfrac{Y_0 d}{\omega C_1} \end{bmatrix} \tag{8-28}$$

将归一化的偶模转移参数转换为 S 参数，有

$$\Delta_e = \Delta_o = \Delta = \left(1 + \dfrac{C_2}{C_1}\right)[2 + j(a+d)] + \dfrac{Y_0(a+d-2j)}{\omega C_1} + \left(2 + \dfrac{C_2}{C_1}\right)j\omega C_2 Z_0 \tag{8-29}$$

则

$$\begin{cases} S_{11e} = \dfrac{\dfrac{Y_0(d-a)}{\omega C_1} - j\left(1 + \dfrac{C_2}{C_1}\right)(a+d) - \left(2 + \dfrac{C_2}{C_1}\right)j\omega C_2 Z_0}{\Delta} \\[4ex] S_{12e} = \dfrac{2\left[\left(1 + \dfrac{C_2}{C_1}\right)^2 - \dfrac{C_2}{C_1}\left(2 + \dfrac{C_2}{C_1}\right)\right]}{\Delta} \\[4ex] S_{21e} = \dfrac{2}{\Delta} \\[4ex] S_{22e} = \dfrac{\dfrac{Y_0(a-d)}{\omega C_1} - j\left(1 + \dfrac{C_2}{C_1}\right)(a+d) - \left(2 + \dfrac{C_2}{C_1}\right)j\omega C_2 Z_0}{\Delta} \end{cases} \tag{8-30}$$

将归一化的奇模转移参数转换为 S 参数，有

$$
\begin{cases}
S_{11o} = S_{22e} = \dfrac{\dfrac{Y_0(a-d)}{\omega C_1} - j\left(1+\dfrac{C_2}{C_1}\right)(a+d) - \left(2+\dfrac{C_2}{C_1}\right)j\omega C_2 Z_0}{\Delta} \\[4mm]
S_{12o} = S_{12e} = \dfrac{2\left[\left(1+\dfrac{C_2}{C_1}\right)^2 - \dfrac{C_2}{C_1}\left(2+\dfrac{C_2}{C_1}\right)\right]}{\Delta} \\[4mm]
S_{21o} = S_{21e} = \dfrac{2}{\Delta} \\[4mm]
S_{22o} = S_{11e} = \dfrac{\dfrac{Y_0(d-a)}{\omega C_1} - j\left(1+\dfrac{C_2}{C_1}\right)(a+d) - \left(2+\dfrac{C_2}{C_1}\right)j\omega C_2 Z_0}{\Delta}
\end{cases} \tag{8-31}
$$

结合奇偶模的 S 参数和叠加原理，可得原电路的 S 参数为

$$
\begin{cases}
S_{11} = \dfrac{1}{2}(S_{11e} + S_{11o}) = \dfrac{-j\left(1+\dfrac{C_2}{C_1}\right)(a+d) - \left(2+\dfrac{C_2}{C_1}\right)j\omega C_2 Z_0}{\Delta} \\[4mm]
S_{21} = \dfrac{1}{2}(S_{21e} + S_{21o}) = S_{34} = \dfrac{2}{\Delta} \\[4mm]
S_{22} = \dfrac{1}{2}(S_{22e} + S_{22o}) = \dfrac{-j\left(1+\dfrac{C_2}{C_1}\right)(a+d) - \left(2+\dfrac{C_2}{C_1}\right)j\omega C_2 Z_0}{\Delta} = S_{11} \\[4mm]
S_{41} = \dfrac{1}{2}(S_{11e} - S_{11o}) = \dfrac{Y_0(d-a)/\omega C_1}{\Delta} \\[4mm]
S_{31} = \dfrac{1}{2}(S_{21e} - S_{21o}) = 0 \\[4mm]
S_{32} = \dfrac{1}{2}(S_{22e} - S_{22o}) = \dfrac{Y_0(a-d)/\omega C_1}{\Delta} = -S_{41}
\end{cases} \tag{8-32}
$$

当要求该混合环端口完全匹配时，必须使 $S_{11}=S_{22}=0$，可得

$$
f = \dfrac{-\left(1+\dfrac{C_2}{C_1}\right)(\tan\beta l_1 - \cot\beta l_1)}{2\pi\left(2+\dfrac{C_2}{C_1}\right)C_2 Z_0} \tag{8-33}
$$

同时，可得该混合环的输出功分比为

$$
\dfrac{S_{41}}{S_{21}} = -\dfrac{S_{32}}{S_{34}} = \dfrac{-Y_0(\tan\beta l_1 + \cot\beta l_1)}{4\pi f C_1} \tag{8-34}
$$

选用的变容二极管为 SMV1232，双面带线特性阻抗为 $Z_0=50\Omega$，介质板相对介电常数为 2.2、厚度为 0.8mm，取 l_1 为电长度 45°，中心频点为 1GHz 的双面带线的物理长度。固定电容 C_1 的值，根据式（8-33）可得调频电容 C_2 与工作频率之间的关系图，如图 8-36 所示。同理，固定电容 C_2 的值，根据式（8-34）可得电容 C_1 容值与输出功分比间的关系，如图 8-37 所示。其中，变容二极管 SMV1232 的电容值如表 8-2 所列。

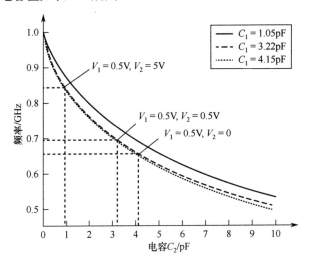

图 8-36 调频电容 C_2 与频率的关系图

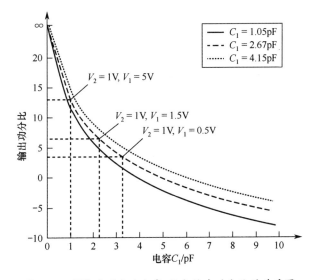

图 8-37 调输出功分比电容 C_1 与输出功分比的关系图

选择图 8-34 结构中心频点为 1GHz。选取介质板的大小为 60mm×60mm、相对介电常数为 2.2、厚度为 0.8mm。双面带线的特性阻抗为 50W，l_1=27.2972mm，l=54.5944mm，W=3.5mm。选取的变容二极管为 SMV1232、隔离电容 C_{block}=220pF，电阻 R=1.5kW。图 8-38 为该多功能可重构混合环的实物图，仿真实验在 Ansoft HFSS13.0 中完成，图 8-39 和图 8-40 分别为该混合环的仿真及测试结果，测试结果由 AV3672 矢量网络分析仪测试得。

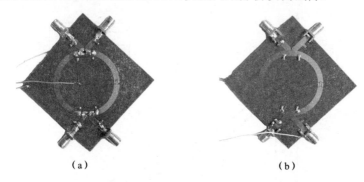

（a）   （b）

图 8-38　多功能可重构混合环的实物图

（a）正面；（b）反面。

由图 8-39 的仿真结果可知，当控制电压 V_1 保持 0.5V 不变时，改变控制电压 V_2 的值从 0、0.5V 到 5V 变化。则该混合环的回波损耗大于 20dB、同相（$|\angle|S_{12}|-\angle|S_{14}||$）和反向（$|\angle|S_{32}|-\angle|S_{34}|-180°|$）输出端的相位偏移小于 5°、端口隔离大于 25dB 时，工作频率可以在 0.69～0.9GHz 之间变化，而且插入损耗（$|S_{14}|,|S_{32}|$）和（$|S_{12}|,|S_{34}|$）分别保持在 1.3～2.4dB 和 4.5～7dB 之间。

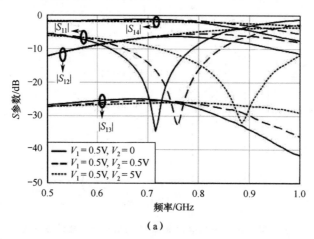

（a）

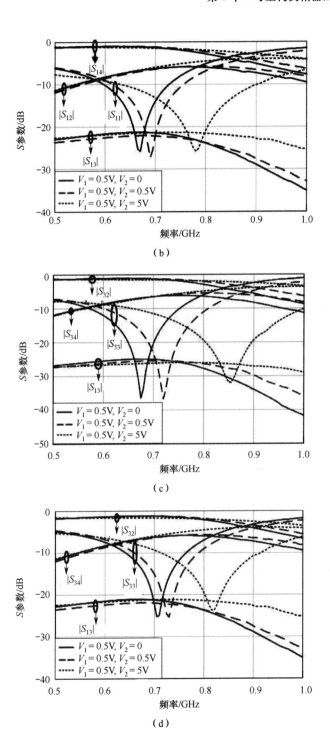

（b）

（c）

（d）

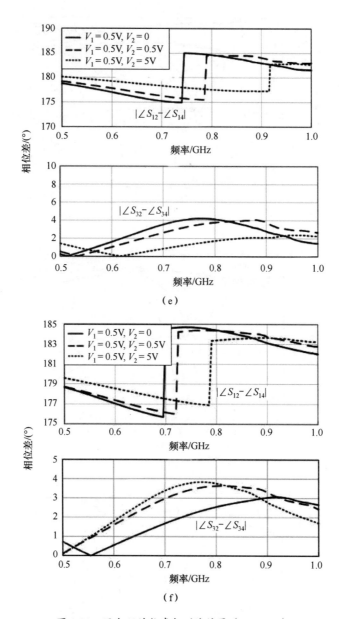

图 8-39　混合环的仿真与测试结果（V_1=0.5V）

（a）仿真结果（$|S_{11}|,|S_{12}|,|S_{13}|,|S_{14}|$）；（b）测试结果（$|S_{11}|,|S_{12}|,|S_{13}|,|S_{14}|$）；

（c）仿真结果（$|S_{31}|,|S_{32}|,|S_{33}|,|S_{34}|$）；（d）测试结果（$|S_{31}|,|S_{32}|,|S_{33}|,|S_{34}|$）；

（e）仿真结果；（f）测试结果。

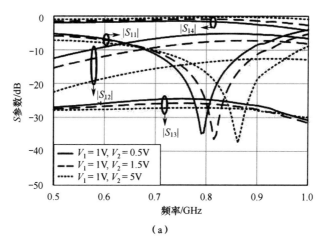

（a）

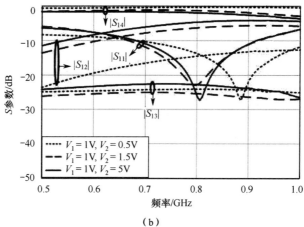

（b）

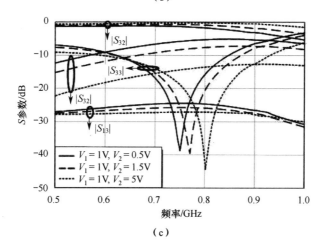

（c）

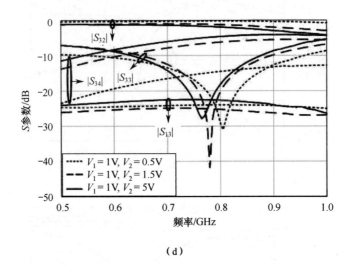

（d）

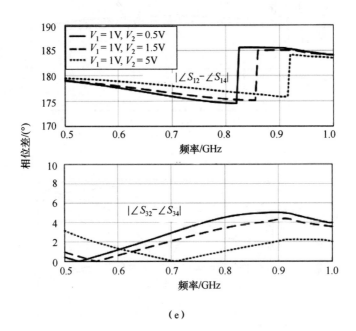

（e）

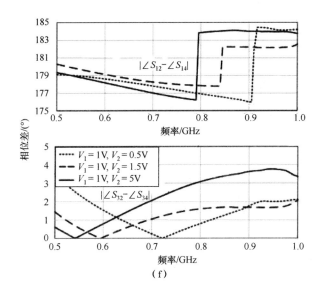

图 8-40　混合环的仿真和测试结果（V_2=1V）

（a）仿真结果（$|S_{11}|,|S_{12}|,|S_{13}|,|S_{14}|$）；（b）测试结果（$|S_{11}|,|S_{12}|,|S_{13}|,|S_{14}|$）

（c）仿真结果（$|S_{31}|,|S_{32}|,|S_{33}|,|S_{34}|$）；（d）测试结果（$|S_{31}|,|S_{32}|,|S_{33}|,|S_{34}|$）；

（e）仿真结果；（f）测试结果。

由图 8-39 的测试结果可知，当控制电压 V_1 保持 0.5V 不变时，改变控制电压 V_2 的值从 0、0.5V 到 5V 变化。则该混合环的回波损耗大于 20dB、同相（$|\angle|S_{12}|-\angle|S_{14}||$）和反向（$|\angle|S_{32}|-\angle|S_{34}|-180°|$）输出端的相位偏移小于 5°、端口隔离大于 21dB 时，工作频率可以在 0.69~0.81GHz 之间变化，且插入损耗（$|S_{14}|,|S_{32}|$）和（$|S_{12}|,|S_{34}|$）分别保持在 1.5~2dB 和 5~6.8dB 之间。

由图 8-40 的仿真结果可知，当控制电压 V_2 保持 1V 不变、控制电压 V_1 保持 0.5V 不变时，该混合环的回波损耗大于 20dB，同相（$|\angle|S_{12}|-\angle|S_{14}||$）和反相（$|\angle|S_{32}|-\angle|S_{34}|-180°|$）输出端的相位偏移小于 7°，端口隔离大于 25dB。同时，插入损耗（$|S_{14}|,|S_{32}|$）和（$|S_{12}|,|S_{34}|$）分别保持在 1.5~2.5dB 和 5~5.5dB 之间，即输出功分比在 3dB 左右变动。对比图 8-39，在电压 V_2=1V、V_1=0.5V 时，该混合环的输出功分比近似为 3dB，仿真结果和数值计算结果有较好的一致性。

同样由图 8-40 的仿真结果可知，当控制电压 V_2 保持 1V 不变、控制电压 V_1 保持 5V 不变时，该混合环的回波损耗大于 20dB，同相（$|\angle|S_{12}|-\angle|S_{14}||$）和反相（$|\angle|S_{32}|-\angle|S_{34}|-180°|$）输出端的相位偏移小于 4°，端口隔离大于 25dB。同时，插入损耗（$|S_{14}|,|S_{32}|$）和（$|S_{12}|,|S_{34}|$）分别保持在 0.1~0.15dB 和 13.1~13.5dB 之间，即输出功分比在 13dB 左右变动。对比图 8-41，在电压

V_2=1V、V_1=5V 时，该混合环的输出功分比近似为 13.3dB，仿真结果和数值计算结果有较好的一致性。

仿真结果表明，当控制电压 V_2 不变时，调节控制电压 V_1，混合环的功分比会随控制电压 V_1 变化，且变化趋势与图 8.37 相似。

由图 8-40 的实验结果可知，当控制电压 V_2 保持 1V 不变、控制电压 V_1 保持 0.5V 不变时，该混合环的回波损耗大于 20dB，同相（$|\angle|S_{12}|-\angle|S_{14}||$）和反相（$|\angle|S_{32}|-\angle|S_{34}|-180°|$）输出端的相位偏移小于 5°，端口隔离大于 22dB。同时，插入损耗（$|S_{14}|,|S_{32}|$）和（$|S_{12}|,|S_{34}|$）分别保持在 2～2.6dB 和 4.6～5.5dB 之间，即输出功分比在 3dB 左右变动。对比图 8-39，在电压 V_2=1V、V_1=0.5V 时，该混合环的输出功分比近似为 3dB。

同样由图 8-40 的测试结果可知，当控制电压 V_2 保持 1V 不变、控制电压 V_1 保持 5V 不变时，该混合环的回波损耗大于 20dB，同相（$|\angle|S_{12}|-\angle|S_{14}||$）和反相（$|\angle|S_{32}|-\angle|S_{34}|-180°|$）输出端的相位偏移小于 5°，端口隔离大于 23.5dB。同时，插入损耗（$|S_{14}|,|S_{32}|$）和（$|S_{12}|,|S_{34}|$）分别保持在 0.05～0.1dB 和 13.3～15.1dB 之间，即输出功分比在 13.3dB 左右变动。对比图 8-39，在电压 V_2=1V、V_1=5V 时，该混合环的输出功分比近似为 13.3dB。

测试结果表明，当控制电压 V_2 不变时，调节控制电压 V_1，混合环的功分比会随控制电压 V_1 变化，且变化趋势与图 8-39 相似。测试结果、仿真结果和数值计算展现出较好的一致性。

由图 8-39 和图 8-40 可知，该多功能可重构混合环在控制电压变化时的工作频率和输出功分比分别在 0.69～0.81GHz 和 3～14dB 之间可调。综上所述，当固定控制电压 V_1 的值，改变 V_2 的电压值时，可以明显调节该混合环的工作频率；当固定控制电压 V_2 的值，改变 V_1 的电压值时，可以明显调节该混合环的直通端口和耦合端口的输出功分比。测试结果和仿真结果出现偏移可能是因为加工板子的精度误差和变容二极管或电子元件存在焊接时位置的偏差。

在实际工程应用中，可以根据工作频率和输出功分比的需求，实时调整该混合环的工作频率和输出功分比。

小　结

如果说第 3 章提出的倒相器采样法提供了一种解决问题的思路，那么本章的可重构倒相器的实现则是提供了一种新型的可重构器件的技术手段，具有设计简单、控制容易的优点。

参考文献

[1] 陈玉林, 房善玺. 一种新型宽带双圆极化天线的研究与设计[J]. 火控雷达技术, 2010, 39(1):83-86.

[2] HOER C A. The six-port concept: a new approach to measuring voltage, currentpower, impedance and phase[J]. IEEE, Trans. IM., 1972, 21(11): 466-470.

[3] ENGEN G F. An improved circuit for implementing the six-port technique of microwave measurements[J]. IEEE Trans. Microwave Theory Tech., 1977, 25(12): 1080-1083.

[4] HOER C A. A network analyzer incorporating two six-port reflectometers[J]. IEEE Trans. Microwave Theory Tech., 1977, 25(12): 1070-1074.

[5] ENGEN G F. The six-port reflectometer: an alternative network analyzer[J]. IEEE Trans. Microwave Theory Tech., 1977, 25(12): 1075-1080.

[6] BERGHOFF G, BERGEAULT E, HUYART B. Automated characterization of HF power transistors by source–pull and multiharmonic load–pull measurements based on six-port techniques[J]. IEEE Trans. Microwave Theory and Tech., 1998, 26(12): 2068–2073.

[7] TATU S O, MOLDOVAN E, WU K, et al. A new direct millimeter- wave six-port receiver[J]. IEEE Trans. Microwave Theory and Tech., 2001, 49(12): 2517–2524.

[8] XIAO F C, GHANNOUCHI F M, YAKABE T. Application of a six-port wave-correlator for a very low velocity measurement using the Doppler effect[J]. IEEE Transactions on Instrumentation and Measurement, 2003, 52(2): 297-301.

[9] CHEN T J, CHU T H. Calibration and measurement of a wideband six-port polarimetric measurement system[J]. IEEE Trans. on Antennas and Propagation, 1997, 45(7): 1080-1085.

[10] GHANNOUCHI F M, BOSISIOM R G, HAJJI R. Polarization measurements of microwave/millimeter wave antennas using six port techniques[C]// International Conference on Electromagnetics in Aerospace Applications, Turin, Italy, 1989: 283-286.

[11] GHANNOUCHI F M, BOSISIO R G. Measurement of microwave permittivity using a six-port reflectometer with an open-ended coaxial line[J]. IEEE Trans. Instrum. Meas., 1989, 38(2): 505-508.

[12] STELZER A, DISKUS C G. LUBKE K. A microwave position sensor with submillimeter accuracy[J]. IEEE Trans. Microwave Theory and Tech., 1999, 47(12): 2621-2624.

[13] XIAO F C, GHANNOUCHI F M, YAKABE T. Application of a six-port wave-correlator for a very low velocity measurement using the doppler effect[J]. IEEE Transactions on Instrumentation and Measurement, 2003, 52(2): 297-301.

[14] LI J, BOSISIO R G, WU K. A collision avoidance radar using six-port phase/ frequency discriminator (SPFD)[C]//IEEE MTT-S International Microwave Workshop. 1994: 1553-1556.

[15] MOLDOVAN E, TATU S O, GAMAN T. A new 94-GHz six-port collision- avoidanceradar sensor[J]. IEEE Trans. Microwave Theory and Tech., 2004, 52(3): 751-759.

[16] GHAIL H, MOSELHY T A. Miniaturized fractal rat-race, branch-line, and coupled-line hybrids[J]. IEEE Trans. Microwave Theory Tech., 2004, 52(11): 2513-2520.

[17] WU K, ECCLESTON S, et al. Compact planar microstripline branch-line and rat-race coupler[J]. IEEE Trans. Microwave Theory Tech., 2003, 51(10): 2119-2125.

[18] LIU Z, WEIKLE R M. A 180 Hybrid based on interdigitally coupled asymmetrical artificial transmission lines[C]//IEEE MTT-S Int. Dig. 2006: 1555-1558.

[19] MONTI G, TARRICONE L. Reduced-size broadband CRLH-ATLRat-Race coupler[C]//Proceedings of the

36th European Microwave Conference. Manchester UK, 2006: 125-128.

[20] SUNG Y J, AHN C S, Kim Y S. Size reduction and harmonic suppression of rat-race hybrid coupler using defected ground structure[J]. IEEE Microwave and Wireless Components Lett., 2004, 14(1): 7-9.

[21] GU J, SUN X. Miniaturization and harmonic suppression of branch-line and rat-race coupler using compensated spiral compact resonant cell[C]//IEEE MTT-S Int. Dig, Long Beach, CA, 2005: 1211-1214.

[22] NESIC D. Slow-wave EBG microstrip rat-race hybrid ring[J]. Electronics Lett., 2005, 41(21): 1181-1183.

[23] WANG J, WANG B Z, GUO Y X. Compact slow-wave microstrip rat-race ringcoupler[J]. Electronics Lett., 2007, 43(2): 111-113.

[24] KUO J T, WU J S, CHIOU Y C. Miniaturized rat race coupler with suppression of spurious pass band[J]. IEEE Microwave and Wireless Components Lett., 2007, 17(1): 46–48.

[25] CHIOU Y C, TSAI C H, WU J S. Miniaturization design for planar hybrid ring couplers[C]// IEEE MTT-S International Microwave Workshop, 2008: 19-22.

[26] WANG C C, LAI C H, MA T G. IEEE MTT-S Int. Dig.[C]//Novel unplanned synthesized coplanar waveguide and the application to miniaturized rat-race coupler., 2010: 708-711.

[27] OKABE H, CALOZ C, ITOH T. A compact enhanced-bandwidth hybrid ring using an artificial lumped-element left-handed transmission-line section[J]. IEEE Trans. Microwave Theory Tech., 2004, 52(3): 798-804.

[28] TSENG C H, CHEN H J. Compact rat-race coupler using shunt-stub-based artificial transmission lines[J]. IEEE Microwave and Wireless Components Lett., 2008, 18(11): 734-736.

[29] OKABE H, CALOZ C, ITOH T. A compact enhanced-bandwidth hybrid ring using an artificial lumped-element left-handed transmission-line section[J]. IEEE Trans. Microwave Theory Tech., 2004, 52(3): 798-804.

[30] OKABE H, CALOZ C, ITOH T. A compact enhanced-bandwidth hybrid ring using an artificial lumped-element left-handed transmission-line section[J]. IEEE Trans. Microwave Theory Tech., 2004, 52(3): 798-804.

[31] MURGULESCU M H, MOISAN E, LEGAUD P. New wideband, 0.67 circumference 180° hybrid ring coupler[J]. Electronics Lett., 1994, 30(4): 299-300.

[32] FANG L, HO C H, KANAMALURU S, et al. Wide-band reduced-size uniplanar magic-T, hybrid-ring, and de Ronde's CPW-slot couplers[J]. IEEE Trans. Microwave Theory Tech., 1995, 43(12): 2749-2758.

[33] CHANG C Y, YANG C C. A novel broad-band Chebyshev-response rat-race ring coupler [J]. IEEE Trans. Microwave Theory Tech., 1999, 47(4): 435-462.

[34] KIM D, NAITO Y. Broad-band design of improved hybrid-ring 3dB directional coupler[J]. IEEE Trans. Microwave Theory Tech., 1982, 82(11): 2040-2046.

[35] CAILLET M, CLÉNET M, SHARAIHA A. A compact wide-band rat-race hybrid using microstrip lines[J]. IEEE Microwave and Wireless Components Lett., 2009, 19(4): 191-193.

[36] MO T T, XUE Q, CHAN C H. A broadband compact microstrip rat-race hybrid using a novel CPW inverter[J]. IEEE Trans. Microwave Theory Tech., 2007, 55(1): 161-167.

[37] CHIL C H, CHANG C Y. A compact wideband 180° hybrid ring coupler using a novel interdigital CPS inverter[C]//Proceedings of the 37th European Microwave Conference. 2007: 548-551.

[38] CHIOU Y C, TSAI C H, WU J S. Miniaturization design for planar hybrid ring couplers[C]//IEEE MTT-S International Microwave Workshop, 2008: 19-22.

[39] YEN K U, WOLLACK E J, PAPAPOLYMEROU J. A broadband planar Magic-T using microstrip–slotline transitions[J]. IEEE Trans. Microwave Theory Tech., 2008, 58(1):172-177.

[40] 杨国彪, 车文荃, 顾黎明. 一种带有反相单元的小型化宽带双面平行带线混合环[J]. 电子学报, 2011, 06,

39(6): 1452-1455.

[41] AIKAWA M, OGAWA H. A new MIC magic-T using coupled slot lines[J]. IEEE Trans. Microwave Theory Tech., 1980, 28(6): 523-528.

[42] WANG T, OU Z, WU K. Experimental study of wideband uniplanar phase inverters for MIC's[C]//IEEE MTT-S Int. Microwave Symp. Dig, 1997, Jun.: 777-780.

[43] WANG T, WU K. Size-reduction and band-broadening design technique of uniplanar hybrid ring coupler using phase inverter for M(H)MIC's[J]. IEEE Trans. Microwave Theory Tech., 1999, 47(2): 198-206.

[44] MOUSAVI P, MANSOUR R R, DANESHMAND M. A novel wide band 180-degree phase shift transition on multilayer substrates[C]//IEEE MTT-S Int. Microwave Symp. Dig., 2004: 1887-1890.

[45] KIM J H, WOO D W, JO G Y, et al. Microstrip phase inverter using slotted ground[C]//IEEE Antenna and Propagation Society International Symposium (APSURS), 2010: 1-4.

[46] LIN F, CHU Q X, GONG Z, et al. Compact broadband gysel power divider with arbitrary power-dividing ratio using microstrip/slotline phase inverter[J]. IEEE Trans. Microwave Theory Tech., 2012, 60(5): 1226-1234.

[47] CHENG K K M, WONG F L. A novel approach to the design and implementation of dual-band compact planar 90° branch-line coupler[J]. IEEE Transactions on Microwave Theory and Techniques, 2004, 52(11): 2458-2463.

[48] TSENG C H, MOU C H, LIN C C, et al. Design of microwave dual-band rat-race couplers in printed-circuit board and GIPD technologies[J]. EEE Transactions on Components, Packaging and Manufacturing Technology, 2016, 6(2): 262-271.

[49] CHIN K S, LIN K M, WEI Y H. Compact dual-band branch-line and rat-race couplers with stepped-impedance-stub lines[J]. IEEE Transactions on Microwave Theory and Techniques, 2010, 58(5): 1213-1221.

[50] 林峰. 多频带耦合器与功率分配器设计理论及其实现[D]. 广州: 华南理工大学, 2013.

[51] 林峰, 褚庆昕. 新型三频环形耦合器的设计[J]. 华南理工大学学报, 2011, 39(7): 26-31.

[52] HAYATI M, MALAKOOTI S A, ABDIPOUR A. A novel design of triple-band gysel power divider[J]. IEEE Transactions on Microwave Theory and Techniques, 2013, 61(10): 3558-3567.

[53] GAO C J, FENG W R, SHI X W, BAI Y F. A novel tri-band power divider with coupled-line CRLH unit[C]//Microwave and Millimeter Wave Technology, International Conference, 2012: 1-33.

[54] ELEFTHERIADES G V, GEORGHIOOU G E, PAPANASTASIOU A C, A quad-band wilkinson power divider using generalized NRI transmission lines[J]. IEEE Microwave and Wireless Components Letters, 2008, 18(8): 521-523.

[55] PIAZZON L, SAAD P, COLANTONIO P, et al. Branch-line coupler design operating in four arbitrary frequencies[J]. IEEE Microwave and Wireless Components Letters, 2012, 22(2): 67-69.

[56] 苗宇航, 李斌, 李厚民, 等. 基于 DSPSL 的电可重构平面带通滤波器[J]. 微波学报, 2012, (s2): 478-481.

[57] CHU Q X, LIN F, LIN Z, et al. Novel design method of tri-band power divider[J]. IEEE Transactions on Microwave Theory and Techniques, 2011, 59(9): 2221-2226.

[58] LIN F, CHU Q X, LIN Z. A novel tri-band branch-line coupler with three controllable operating frequencies[J]. IEEE Microwave and Wireless Components Letters, 2010, 20(12): 666-668.

[59] 唐慧, 陈建新, 周立衡, 等. 槽线式缺陷地结构的可重构带阻滤波器[J]. 中北大学学报(自然科学版), 2013, 34(4): 463-467.

[60] CHENG K M, SUNG Y. A novel rat-race coupler with tunable power dividing ratio, ideal port isolation, and return loss performance[J]. IEEE Transactions on Microwave Theory and Techniques, 2013, 61(1): 55-60.

[61] CHENG K K M, CHIK M C J. A frequency-compensated rat-race coupler with wide bandwidth and tunable power dividing ratio[J]. IEEE Transactions on Microwave Theory and Techniques, 2013, 61(8): 2841-2847.

[62] GATTI R V, OCERA A, MARCACCIOLI L, et al. A dual band reconfigurable power divider for WLAN

applications[C]//2006 IEEE MTT-S International Microwave Symposium Digest, 2006: 465-468.

[63] Sharma, Vivek, Pathak, Nagendra Prasad. Adaptable concurrent dual-band symmetrical stubbed T-junction power splitter[J]. 2013 IEEE Explorer: 1-5.

[64] DWIVEDY B, BEHERA S K, MISHRA D. Design of a frequency agile rat-race coupler[C]//2015 IEEE Applied Electromagnetics Conference(AEMC), 2012: 1-2.

[65] GAO S S, SUN S. XIAO S. A novel wideband bandpass power divider with harmonic-suppressed ring resonator[J]. IEEE Microwave and Wireless Components Letters, 2013, 23(3): 119-121.

[66] ZHANG Z, JIAO Y C, WENG Z B. Design of 2.4 GHz power divider with harmonic suppression[J]. Electronics Letters, 2012, 48(12): 705-707.

[67] CHEN C C, SIM C Y D, WU Y J. Miniaturised dual-band rat-race coupler with harmonic suppression using synthetic transmission line[J]. Electronics Letters, 2016, 52(21): 1784-1786.

[68] MANDAL M K, SANYAL S. Reduced-length rat-race couplers[J]. IEEE Transactions on Microwave Theory and Techniques, 2007, 55(12): 2593-2598.

[69] 清华大学《微带电路》编写组. 微带电路[M]. 北京: 中国书籍出版社, 1976.

[70] TAUB J J, FITZGERALD B. A note on N-way hybrid power dividers[J]. IEEE Trans. Microw. Theory Tech., 1964, 12(3): 260-261.

[71] GYSEL U H. A new N-way power divider/combiner suitable for high- power application[C]//IEEE MTT-S Int. Microw. Symp. Dig., 1975: 116-118.

[72] WHEELER H A. Transmission-line properties of parallel wide strips by a conformal-mapping approximation[J]. IEEE Trans. Microwave Theory and Tech., 1964, 12(3): 280-289.

[73] ROCHELLE J M. Approximations for the symmetrical parallel-strip transmission line[J]. IEEE Trans. on Microwave Theory and Tech., 1975, 23(8): 712-714.

[74] CHEN J X, CHIN C H K, LAU K W. 180° Out-of-phase power divider based on double-sided parallel striplines[J]. Electronics Lett., 2006, 42(21): 1229-1230.

[75] CHEN J X, CHIN C H K, XUE Q. Double-sided parallel-strip line with an inserted conductor plane and its applications[J]. IEEE Trans. on Microwave Theory and Tech., 2007, 55(9): 1899-1904.

[76] CHIU L, XUE Q. A parallel-strip ring power divider with high isolation and arbitrary power-dividing ratio[J]. IEEE Trans. on Microwave Theory and Tech., 2007, 55(11): 2419-2426.

[77] XUE Q, Chiu L. Wideband parallel-strip 90° hybrid coupler with swap[J]. Electronics Letters, 2008, 44(11): 687-688.

[78] XUE Q, CHIU L, WONG K W. Wideband parallel-strip bandpass filter using phase inverter[J]. IEEE Microwave and Wireless Components Lett., 2008, 18(8): 503-505.

[79] SHI J, CHEN J X, XUE Q. A differential voltage-controlled integrated antenna oscillator based on double-sided parallel-stripline[J]. IEEE Trans. on Microwave Theory and Tech., 2008, 56(10): 2207-2212.

[80] XUE Q, CHIU L. Wideband parallel-strip 90° hybrid coupler with swap[J]. Electronics Letters, 2008, 44(11): 687-689.

[81] WEIGEL R, SEITZ S, SCHMIDTCH M et al. Reduced size frequency agile microwave circuits using ferroelectric thin-film varactors[J]. IEEE Trans. on Microwave Theory and Tech., 2008, 56(12): 3093-3099.

[82] CHENG K M, SUNG Y, A novel rat-race coupler with tunable power dividing ratio[J]. Ideal Port Isolation, and Return Loss Performance. IEEE Trans. on Microwave Theory and Tech., 2013, 61(1): 55-60.